地质灾害分析与治理技术研究

田泽鑫 孙领辉 毛成磊 编著

北京工业大学出版社

图书在版编目（CIP）数据

地质灾害分析与治理技术研究 / 田泽鑫，孙领辉，毛成磊编著． — 北京：北京工业大学出版社，2022.12
ISBN 978-7-5639-8539-5

Ⅰ．①地… Ⅱ．①田… ②孙… ③毛… Ⅲ．①地质灾害—灾害防治—研究 Ⅳ．①P694

中国版本图书馆 CIP 数据核字（2022）第 248720 号

地质灾害分析与治理技术研究
DIZHI ZAIHAI FENXI YU ZHILI JISHU YANJIU

编　　著：	田泽鑫　孙领辉　毛成磊
责任编辑：	仇智财
封面设计：	知更壹点
出版发行：	北京工业大学出版社
	（北京市朝阳区平乐园 100 号　邮编：100124）
	010-67391722（传真）　bgdcbs@sina.com
经销单位：	全国各地新华书店
承印单位：	北京银宝丰印刷设计有限公司
开　　本：	710 毫米 ×1000 毫米　1/16
印　　张：	10.75
字　　数：	215 千字
版　　次：	2024 年 1 月第 1 版
印　　次：	2024 年 1 月第 1 次印刷
标准书号：	ISBN 978-7-5639-8539-5
定　　价：	72.00 元

版权所有　　翻印必究

（如发现印装质量问题，请寄本社发行部调换 010-67391106）

作者简介

田泽鑫，出生于1985年11月，毕业于成都理工大学。目前就职于新疆兵团勘测设计院（集团）有限责任公司，高级工程师。在新疆兵团38团石门水库项目中表现突出，获自治区勘察设计协会水利水电工程一等奖。熟悉行业领域内的规范标准，具有丰富的工程地质、环境地质、地质灾害防治方面的经验。

孙领辉，出生于1984年4月，毕业于新疆农业大学。目前就职于新疆兵团勘测设计院（集团）有限责任公司，高级工程师。参与过库什塔依水电站、二塘沟水库、拜城县应急供水工程等项目，多次获得自治区勘测协会奖项。主要研究方向：工程地质与环境地质。

毛成磊，出生于1983年5月，毕业于西南交通大学。目前就职于新疆兵团勘测设计院（集团）有限责任公司，高级工程师。毕业以来一直从事水利水电工程方面的工作，经验丰富。

前　言

近年来，随着社会整体发展水平的提高，我国地质灾害的治理力度不断加大，在治理方面投入了大量的人力、物力和财力。在地质灾害治理工作中，为确保相关工程能够全面开展，需要高度重视工程施工设计，结合具体的地质灾害治理工程，采取针对性的措施，保证整个地质灾害治理工作的顺利开展。

全书共八章。第一章为绪论，主要包括地质灾害概述、地质灾害的分类、地质灾害的诱发因素、地质灾害的危害分析等内容；第二章为地震灾害分析与治理技术，主要阐述了地震灾害分析和地震灾害治理等内容；第三章为崩塌灾害分析与治理技术，主要阐述了崩塌灾害分析和崩塌灾害治理等内容；第四章为滑坡灾害分析与治理技术，主要阐述了滑坡灾害分析和滑坡灾害治理等内容；第五章为泥石流灾害分析与治理技术，主要阐述了泥石流灾害分析和泥石流灾害治理等内容；第六章为地面沉降灾害分析与治理技术，主要阐述了地面沉降灾害分析和地面沉降灾害治理等内容；第七章为地质灾害灾情评估与风险管理，主要阐述了地质灾害灾情评估和地质灾害风险管理等内容；第八章为地质灾害治理实例分析——以新疆生产建设兵团第四师砂石料场采坑为例，主要阐述了自然地理与地质环境概况、地质环境问题及其危害、地质灾害治理施工组织设计等内容。

在撰写本书的过程中，笔者借鉴了国内外很多相关的研究成果以及著作、期刊、论文等，在此对相关学者、专家表示诚挚的感谢。

由于笔者水平有限，书中难免存在一些疏漏，在此恳切地希望各位同行专家和读者朋友予以斧正。

目　录

第一章　绪论 ··· 1
　　第一节　地质灾害概述 ··· 1
　　第二节　地质灾害的分类 ··· 7
　　第三节　地质灾害的诱发因素 ··· 10
　　第四节　地质灾害的危害分析 ··· 18

第二章　地震灾害分析与治理技术 ·· 21
　　第一节　地震灾害分析 ·· 21
　　第二节　地震灾害治理 ·· 26

第三章　崩塌灾害分析与治理技术 ·· 42
　　第一节　崩塌灾害分析 ·· 42
　　第二节　崩塌灾害治理 ·· 49

第四章　滑坡灾害分析与治理技术 ·· 52
　　第一节　滑坡灾害分析 ·· 52
　　第二节　滑坡灾害治理 ·· 56

第五章　泥石流灾害分析与治理技术 ·· 80
　　第一节　泥石流灾害分析 ·· 80
　　第二节　泥石流灾害治理 ·· 91

第六章　地面沉降灾害分析与治理技术 ·································· 103
　　第一节　地面沉降灾害分析 ·· 103

第二节　地面沉降灾害治理 …………………………………… 108

第七章　地质灾害灾情评估与风险管理 ………………………… 123
　　第一节　地质灾害灾情评估 …………………………………… 123
　　第二节　地质灾害风险管理 …………………………………… 132

第八章　地质灾害治理实例分析——以新疆生产建设兵团第四师砂石料场采坑为例 ……………………………………………………… 144
　　第一节　自然地理与地质环境概况 …………………………… 144
　　第二节　地质环境问题及其危害 ……………………………… 146
　　第三节　地质灾害治理施工组织设计 ………………………… 150

参考文献 …………………………………………………………… 163

第一章　绪论

随着社会经济的快速发展和城市化进程的不断推进，人类对自然资源的利用率不断提高，但人类对自然资源的过度开发是导致自然灾害频发的重要因素之一。如何高效地进行地质灾害防治成为当下促进经济发展和改善民生的首要问题。本章分为地质灾害概述、地质灾害的分类、地质灾害的诱发因素、地质灾害的危害分析四个部分。

第一节　地质灾害概述

我国的自然灾害类型多样、分布范围广泛、发生频繁、危害性大。当前，我国面临着严峻的现实形势，必须妥善处理好自然与经济、社会发展的关系，增强人们的防灾意识，增强国家整体的防灾、减灾能力。

一、地质灾害的概念

（一）灾害

在了解地质灾害之前，应先了解什么是灾害。

灾害是指给人类生存带来灾祸的现象和过程，有"灾"无"害"不是灾害，有"灾"有"害"才是灾害。灾害是人类社会与自然综合作用的产物，属于地球表层变异系统，是致灾因子、孕灾环境、承灾体相互作用产生的结果。

依据致灾因子的类型及其引发灾害的动力学过程，灾害可以划分为不同的类别，如表1-1所示。

人为灾害是指由人类不合理的活动造成的灾祸现象，如环境污染、粮食危机、资源枯竭等。自然灾害则指给人类生存带来灾祸的自然现象和过程，相对于地球演化过程，它属于正常现象，但对于人类而言，则是不正常的现象。根据致灾因子引发灾害动力学的过程，自然灾害又可分为渐发性自然灾害和突发性自然灾害，如水土流失、干旱、酸雨等属于渐发性自然灾害，而地震、海啸、火山喷发等则属于突发性自然灾害。

表 1-1 灾害的分类

划分依据	类型	灾害种类
致灾因子	人为灾害	环境污染、粮食危机、资源枯竭、战争、酸雨等
	自然灾害	地震、干旱、洪涝、台风、滑坡、泥石流等
动力学过程	渐发性灾害	温室效应、臭氧层破坏、全球变暖、干旱、酸雨等
	突发性灾害	地震、海啸、火山喷发、台风、沙尘暴、寒潮等

自然灾害由主体和客体两方面组成，主体是指灾害本身，即致灾因子；客体是指人类，即承灾体。在所有的自然现象中，会对人类产生消极影响的自然现象，称为灾害现象。以地震为例，如果地震发生在无人区，未造成人员伤亡，没有产生害的后果，则其仅是一种自然现象；反之，如果地震发生在城市，造成大规模的人员伤亡和财产损失，产生了害的后果，则其成为地震灾害。

自然灾害最显著的特征，是具有突发性和永久性，大部分自然灾害在几秒钟之内就可以造成巨大损失，如地震，但就灾害本身而言，它具有永久性，只要人类存在，灾害就不会消失。此外，灾害具有频发性和不确定性，每分每秒世界各地都有不同类型的灾害发生，但在当前的科学水平下，准确预报还存在困难，因而增加了灾害发生的不确定性。

同时，大部分自然灾害具有周期性，不同灾种的复发周期存在差异，这为人们研究灾害发生规律提供了可能性。另外，自然灾害的分布具有广泛性和区域性，地球的每一个角落都有灾害发生，而在不同的地区，灾害类型不同，如地震发生在地震带、台风发生在沿海地区等。

（二）地质灾害

地质灾害是自然灾害的分支，是指在地球内外动态地质和人类工程活动的共同作用下，地质环境受到一定程度破坏的现象。近几年，由于人口增长和社会经济的发展，人们对自然环境的掠夺与利用日益增加，使其对生态环境的承载能力大大超出了其本身的恢复能力，常常给人们的生活带来极大的危害，成为影响可持续发展的重要因素。中国幅员辽阔，地质环境条件复杂多变，山地和丘陵约占我国总面积的65%，灾害种类繁多。除了地震，还有崩塌、滑坡、泥石流、地面沉降、地面塌陷、地裂缝等多种类型。然而，灾害事件之间并不是孤立的，而是有着千丝万缕的联系，它们相互影响，相互转化，造成的影响要比单一的灾害严重得多。一个灾难引起的灾害链可以各不相同，其不确定性和复杂度都很高，而且其复杂度也会随灾害链的变长而递增，特别是在发生重大灾难时尤为突出。因此，在进行重大灾难预防时，一定要注意到灾害事件之间的连锁效应。

国务院于2003年末制定出台的《地质灾害防治条例》，对于地质灾害进行了详细明确的定义，地质灾害是指自然地质过程所导致的灾害。地质灾害有超过30个以上的类型，其中自然地质灾害主要是由地震或是降雨等自然条件因素所导致的灾害，此外，人为地质灾害是指由爆破、堆载或开挖等工作所导致的，常以地面沉降、塌陷、泥石流、滑坡以及崩塌等形式出现。

根据成因类型可以将地质灾害分为如下三类：①自然地质灾害，主要是由地球内部地质作用导致地壳剧烈运动而引起的，如地震和火山爆发；②人为地质灾害，主要是指由人类工程活动而引起的，如瓦斯爆炸、煤层自燃；③自然—人为地质灾害，是介于两者之间的灾害，如道路崩塌、建筑塌方、矿山开采导致地面沉降等。

地质灾害根据受灾群体和灾害体进行划分，一般分为灾变等级和灾度等级。通过地质灾害造成的破坏损失程度以及人员伤亡经济损失进行分级，一般分为微灾、小灾、中灾、大灾、巨灾5个等级。这其中的等级划分较为简单，具体如表1-2所示。地质灾害的灾度等级可以直接反映出地质灾害造成的破坏程度，如山洪、台风、地震、风暴潮等自然灾害造成的破坏，很明显会造成直接经济损失和人员伤亡。地质灾害灾度划分可以帮助人们有效了解受灾程度和经济损失程度。

表1-2 地质灾害等级划分标准

灾害等级	死亡人数/人	财产损失/万元
巨灾（A级）	>104	109
大灾（B级）	103～104	108～109
中灾（C级）	102～103	107～108
小灾（D级）	10～102	106～107
微灾（E级）	小于10	<106

二、地质灾害的特点

地质灾害具有频发性、突发性、空间不均匀性和周期性等特征。

（一）频发性

频发性在泥石流灾害中表现最为明显，主要表现在两个方面：一是时间上，如1983年、1984年均是暴雨多发的年份，发生的滑坡、崩塌、泥石流灾害较多；二是空间上，地质环境条件越恶劣，地质灾害越频发。

（二）突发性

受地震、暴雨等影响，境内泥石流、崩塌、滑坡具有较强的突发性。崩塌瞬间产生，因其坡体失稳时间十分短暂，具有突发性的特点。泥石流形成更是迅速，具有历时短、流速快的特点，主要受突发性降水的影响，同时狭窄的沟谷地形和丰富的松散堆积物，导致泥石流的形成非常迅速，往往难以预防。

（三）空间不均匀性

受地形地貌、地质构造、地层岩性、气象水文和植被状况等诸多因素影响，各地区地质灾害的数量及类型分布虽普遍但不一致，密集程度表现出很大的不均匀性。

（四）周期性

一是年际周期性，即丰水年滑坡、泥石流等地质灾害较多，枯水年地质灾害发生少，包括8～30年的长周期和2～4年的短周期。

二是季节周期性。泥石流大多发生在雨季（7～9月），每年多次暴发的泥石流主要分布在河流附近。

三、国内外地质灾害研究概况

（一）国外地质灾害研究概况

20世纪60年代以前，自然灾害研究主要限于灾害机理及预测研究，重点调查分析灾害的形成条件与活动过程。20世纪70年代以后，随着自然灾害破坏损失的急剧增加，人类把减灾工作提高到前所未有的程度。一些发达国家开始进行灾害评估工作，其间美国地质调查局开展了大量的滑坡、崩塌、泥石流和地震灾害的危险性区划研究工作。进入20世纪80年代，对各种自然灾害的研究得到了更加广泛而又深切的关注。世界各国也越来越意识到地质灾害已经成为威胁人类生存发展的重要原因之一。

1965年,"地理信息系统"(Geographic Information System,GIS)被提出。20世纪80年代后期到90年代,GIS大量应用于地质灾害,国外尤其发达国家在将GIS应用于地质灾害研究方面做了较多工作。GIS具有强大的动态性采集、管理、分析和输出多种地学空间信息的能力,以及区域分析、多要素综合分析和动态预测能力。借助GIS专业分析功能,可分析和管理贯穿灾害起源、发展和影响范围等地质灾害全过程的大量数据,可快速准确地完成地质灾害分布图、地质灾害易发程度图、易发程度分区的等值线图等专业图件的生成。

随着高精度遥感技术的出现,遥感"眼"在地质灾害的评价与预测方面显示出了广泛的应用前景,如法国利用SPOT卫星三维测量立体成图技术进行大范围的灾害监控。另外干涉雷达技术和差分干涉技术也广泛应用于地质灾害研究,如目前正在运行的四颗雷达卫星——加拿大的Radar sat、欧洲的ERS-1和ERS-2以及日本的JERS-1都可达到毫米量级的位移监测。

目前,国外关于地质灾害研究多集中在模型的建立和计算机实现上,如3S技术在地质灾害的监控与可视化、数字减灾系统DDRS(Digital Disaster Reduction System)等方面的应用。3S技术是遥感技术(RS)、地理信息系统(GIS)和全球定位系统(GPS)的统称。DDRS利用遥感技术、全球定位系统、地理信息系统和计算机网络技术,用数学和物理模型来数字仿真,模拟灾害发生传播的全过程。

从总体上讲,国外对地质灾害的研究主要体现在以下几个方面。

①从更深更广的角度,借助现代先进的科学技术手段和方法深入系统地研究地质灾害的致灾机理,继续加强对单体地质灾害的特征、分类、成因机理、预测预报以及防治处理等方面的深入研究。

②重视灾害制图技术方法和3S技术的应用,采用现代技术对中小流域地质灾害进行区域性评价,查明地质灾害时空分布规律,划分地质灾害危险性等级,同时将此危险性等级与土地资源的可利用性和土地售价联系起来,使地质灾害研究成果直接为公众服务。

③典型地区区域地质灾害预警系统和灾害管理信息系统建设取得显著进展。美国地质调查局与气象局合作,在20世纪80年代中期旧金山海湾地区建立的滑坡预警系统,第一次利用电视和电台比较准确地发布了1986年2月12—21日,该地区累计800 mm降雨量所诱发的大量滑坡事件,从此区域地质灾害预警系统研究在国际上迅速发展。

④如今,地质灾害研究成果的经济效益可观,能够实现成果社会共享,为社会经济服务。部分发达地区已将地质灾害的防治工作与城市的绿化工作有机地结

合起来，防护工程要求不但要有效地防治地质灾害，还要能美化环境，使防护工程成为一道独特的风景。

（二）国内地质灾害研究概况

我国是一个多山国家，山区面积约占国土总面积的69%，山区常见的滑坡、崩塌、泥石流、岩溶塌陷等地质灾害给施工和运营造成了许多麻烦。随着人类工程活动越来越强，人为地质灾害日趋严重，规模、数量和分布范围呈增加趋势；人口密集、经济发达地区的地质灾害造成的损失越来越大，滑坡、崩塌等突发性地质灾害发生的频率和造成的损失也在不断加大。但我国地质灾害研究工作起步较晚，20世纪30年代至70年代多以地震灾害研究工作为主。"八五"计划期间，我国的地质灾害调查工作才全面开展，重点关注滑坡、崩塌、泥石流、地面沉降、岩溶塌陷等。20世纪80年代，相关教授开始对煤矿区地质灾害问题开展研究，并从内外力型地质灾害链入手分析其成因，随后在地质灾害链、灾害群、灾害系统及灾害效应的理论与实践上开展研究。20世纪90年代后，科学工作者们对我国地质灾害的类型、特征、影响因素、分布状况等就进行了深入的研究，提出了许多新理论、新观点，特别是定量化方法，如灰色系统模型、遗传算法、元胞自动机和BP神经元等大量用来对地质灾害进行研究和治理，为地质灾害的研究发展提供了有力的依据。

我国在地理信息系统方面的研究工作起步较晚，但很快将其应用于地质灾害的研究。3S技术在灾害发生速率的动态模拟计算、灾害的风险性评价、灾害的时空预测预警、灾害的辅助决策以及灾害的形态虚拟现实技术等方面应用研究的进展和突破，再加上相关学科理论及技术的发展，必将为地质灾害系统复杂性问题的解决提供良好的条件，可以看出地质灾害的研究已经趋向于定量化、可视化。但是与发达国家相比，无论是系统技术水平还是实际应用情况都有一定的差距。

总体来讲，如今我国在地质灾害研究方面取得了不少成绩，主要体现在以下几个方面。

第一，通过大规模的调查研究，基本查明了我国地质灾害的总体发育分布规律，对地质灾害的形成演化机制有了较清楚的认识，且在某些方面走在世界前列。

第二，开始进行全国性的"县市地质灾害调查"，以县为单位逐步调查全国地质灾害情况，并建立相应的管理信息系统和以"群测群防"为主的监测预警系统。

第三，在地质灾害评估和地质灾害防治监测技术方面取得了长足的进步，对地质灾害的描述也逐步从定性向定量、从线性向非线性方向发展。

第四，新技术、新方法在地质灾害研究，特别是在监测预警和防治技术中的应用取得了一定的进展。

第二节 地质灾害的分类

从不同角度可以把地质灾害划分为若干类型：根据形成地质灾害的主要条件可分为自然地质灾害和人为地质灾害；根据造成地质灾害的动力来源可分为内动力地质灾害、外动力地质灾害和人为动力地质灾害；根据地质灾害发生过程的缓急可分为突发性地质灾害和缓变性地质灾害；根据地质灾害分布区的地形地貌特征，可分为平原地质灾害、山地地质灾害、海岸地质灾害及海底地质灾害。下面就一些常见的地质灾害类型进行介绍。

一、地震

地震是指地壳在释放能量的过程中产生地震波所呈现出来的一种现象，引起地震的主要原因是板块与板块之间产生错动和破裂。根据震动性质的不同可以分为天然地震、人工地震以及诱发地震。其中，天然地震分为构造地震和火山地震；诱发地震主要指矿山采掘活动、水库蓄水等活动引发的地震；人工地震是爆破、爆炸、物体坠落等原因产生的地震。震级和烈度是地震的两大要素，震级是指地震本身的大小程度，烈度是指某一地区地面各类建筑遭受地震破坏的强弱程度。一般而言，震级越大，烈度越大。根据 2012 年 8 月 28 日修订的《国家地震应急预案》，以伤亡人数和经济损失为指标，划分地震灾害等级，如表 1-3 所示。

表 1-3 地震灾害等级划分

灾害等级	震级	人员伤亡	经济损失
一般大	4.0～5.0	10 人以下死亡（含失踪）	造成一定经济损失
较大	5.0～6.5	10 人以上，50 人以下（含失踪）	造成较重经济损失
重大	6.5～7.0	50 人以上，300 人以下（含失踪）	造成严重经济损失
特别重大	7.0 以上	300 人以上死亡（含失踪）	造成重大经济损失且直接经济损失占该省（自治区、直辖市）上年生产总值 1%以上

根据上述对地震的界定和震级指标的划分，本书所指的地震灾害可以概括为：在某个地区突然发生的，对整个区域及周边地区造成重大损失和破坏的，包括人畜伤亡、财产损失、房屋倒塌、设备损毁、交通通信损毁以及其他生命线工程设

施被破坏等，严重影响人民群众的生命财产安全和社会公共安全的灾害。对于此类地震灾害的治理通常需要政府协调除政府之外的多元主体救援力量，为减少地震灾害的损失和恢复重建工作提供更多的救灾资源和信息。

二、崩塌

崩塌是指地处山地、丘陵等地区的边坡，其坡面上的岩土体由于失去平衡，向边坡下方或者侧面移动的现象。崩塌的发生与分类因其特殊性及形成原因不同而有所差异，但本质上均属于岩土体运动，发生机制为岩土体本身所提供的抵抗力小于促使岩土体失去平衡的外动力，进而诱使岩土体产生运动。

崩塌分布较广，基本上具有一定海拔高度的山地丘陵地区或多或少都有崩塌的发生。然而，造成崩塌的因素相当复杂，大致可分为内因与诱因两种。内因是指边坡自身的相关因素，包括坡度、地表切割度、岩土体强度等；诱因是指降雨、地震等诱发崩塌的外在动力。边坡只有在内因与外因相互作用之下，才会有崩塌的产生。

三、滑坡

滑坡是指边坡的土体或者岩体在自身重力的载荷和其他外部条件因素的共同作用下，沿着滑动面或者软弱带整体或者分散地以平行于滑动面的方式向下运动。在最终滑动面形成之前，初始破坏是从某一面开始发生变形或产生裂缝的，或者说从某一局部破坏点逐渐累积增大扩张成滑动面。滑坡的危害大小不定，轻则只有几立方米的岩土滑动，重则导致几平方公里的土体滑动。

四、泥石流

泥石流，简而言之，即为携带砂石、泥土的洪流，它是常见洪流的一种特殊表现形式，多发于深沟狭谷，地势险峻的山地区域。经暴雨、地震或其他天灾的激发，区域内的松散碎石、砂砾、泥土随新增水源沿沟槽快速移动，具有强大的冲击力和破坏性。不同研究领域的专家对泥石流的认知也有不同，流变领域学者认为泥石流是一种典型的固（泥沙）—液（水）两相流体；水文领域学者认为泥石流是具有固体物质含量高这一特点的特殊洪流；灾害研究学者定义泥石流为一种破坏性极强的山区典型突发性地质灾害。泥石流之所以在不同领域有不同的定义，是因为它的组成成分及形成条件特殊，不能将其简单地归类。但最普遍的认知还是认为泥石流与洪水同属山地洪流，即携带泥沙的流体沿山沟斜面倾泻而下，两者之间的差别则在于流体中泥沙的占比。洪水中泥沙占比很小，是水量多于泥量的流体；而泥石流则为泥沙占比大，甚至超过水含量的流体，这导致泥石流爆发时所含能量更大、破坏性更强，成为山区重点防范的地质灾害之一。

五、地面塌陷、地面裂缝、地面沉降

（一）地面塌陷

地面塌陷是指地表岩土体在自然或人为因素作用下，向下陷落，并在地面形成塌陷坑（洞）的一种地质现象。当这种现象发生在有人类活动的地区时，便可能成为一种地质灾害。

地面塌陷或沉陷是地面垂直变形破坏的另一种形式在自然条件下产生的。岩溶地面塌陷是指覆盖在溶蚀洞穴发育的可溶性岩层之上的松散土石体在外动力因素作用下向洞穴运移而导致的地面变形破坏，其表现形式以塌陷为主，并多呈圆锥形塌陷坑，是地面塌陷或沉陷的一种。

（二）地面沉降

地面沉降是指在自然或者人为因素的作用下，地表局部标高降低的一种地质现象，又称为地陷。地面沉降生成速率缓慢、持续周期漫长、成因机制复杂、影响面积广且难以防治，是当前普遍存在的地质灾害之一。地面沉降对地下资源的利用、城市建设的发展、人们的日常生活等方面都会造成不同程度的影响。古往今来，造成地面沉降的主要是地震等引发地质构造变化的自然因素。而现在，由于人类对自然环境的长期破坏，人为因素已经远超自然因素成为导致绝大部分地面沉降的主要原因。人为因素主要包括人们对地下资源的长期超量开采以及大面积的建筑施工。目前，我国乃至全世界大多数城市都发生过不同程度的地面沉降，严重破坏了城市的发展，对城市的规划建设、生活环境影响巨大。

（三）地面裂缝

地裂缝是地壳表层岩土体在内外动力地质作用和人类活动作用下形成的地面连续开裂现象。我国是对地裂缝记载最早且最多的国家，但早期的地表开裂现象对旧时代人类而言是一种伴随地震诞生的次生灾害，对人类的日常生活影响相对较小，并未得到重视。自 20 世纪 20 年代后，随着工业技术的革新，人们对石油、地下水等资源的需求大幅上升，对地下资源无节制地开采，促进了地裂缝向地表破裂的进程。同时，世界人口总量从 20 亿起呈井喷式上涨，人类工程用地的扩张与地裂缝灾害之间的矛盾初现。地裂缝的存在对其场地内工程结构造成了极大的威胁，并以一种缓慢发展的态势持续对工程结构造成破坏。直到 20 世纪中期后，地裂缝这一特殊地质现象才逐步进入国内外学者的视野,但彼时各国的地裂缝灾害多已颇具规模,造成了巨大的经济损失。地裂缝作为一种灾害,其形式相对单一,致灾过程相对缓慢且预防难度较高,成为城市现代化发展中尤为突出的地质问题。

我国对地裂缝的研究起步于20世纪70年代中期。1976年唐山大地震之后,在强烈构造活动的影响下,华北多地区,如河南、河北、山西、山东、江苏和安徽等地相继出现地裂缝并引起学者的关注。中国的地裂缝研究主要针对三个地裂缝集中发育区,即汾渭盆地、华北平原以及苏锡常地区。

汾渭盆地地裂缝的研究以西安市地裂缝成因为始。地下承压水超采后导致的地面显著沉降是地裂缝形成和发展的主因,同时受到局部地质构造条件的控制作用。在区域拉张应力的作用下,以断块掀斜为主要活动形式的伸展断裂系活动是区内大量地裂缝群发的主要原因,而20世纪70年代后深层承压水的过量开采导致地裂缝活动速率加快。汾渭盆地地裂缝的成因模式,即深部构造孕育地裂缝、盆地伸展萌生地裂缝、黄土介质响应地裂缝、断层活动伴生地裂缝、应力作用群发地裂缝、抽水作用加剧地裂缝、地表水渗透开启地裂缝的耦合作用。随着调查范围的扩大和研究的深入,截至目前,在汾渭盆地各地共发现地裂缝500余条,而构造孕缝、抽水诱缝和降雨扩缝的耦合作用是其形成机制。

华北平原和苏锡常地区为国内另外两个地裂缝群发地区。导致河北平原地裂缝发生的主要因素有地震构造、地下水超采和地面塌陷。苏锡常地区自1989年至今,已发现具有一定规模的地裂缝近25条。以光明村地裂缝为代表的苏锡常典型地裂缝的形成受到地下水位下降、含水层厚度差异、基岩潜山的发育以及地面差异沉降等多个因素影响。

第三节 地质灾害的诱发因素

地质灾害的发生通常是综合因素作用的结果,一般情况下包括自然因素以及人为因素,其中自然因素包括岩土体类型、地形地貌、地质构造、降雨等,人为因素主要有切坡建房,修路、采矿等各种人类工程活动。

一、自然诱因

(一)地形地貌

地形地貌是崩塌、滑坡、泥石流灾害发生的先决条件。地貌的形成和发展离不开区域地质构造,包括区内河流的分布及山脉走向等均受到构造的控制。构造控制了区内总体的地形地貌格局后，在长期内外营力的共同作用下形成了现在的地形地貌。地形地貌是地质灾害发育及分布的主要影响与控制因素之一，也是地质灾害形成的必要条件。

大部分地质灾害发育于河谷地貌及褶皱山地地貌内，这与各地貌单元的形成与分布特征有着直接的关系。

河谷地貌区由于地形切割大、谷坡坡度大，且多为背斜河谷，受构造及河流切割等综合影响，谷坡陡崖陡坎发育是崩塌形成的重要因素之一。崖脚及谷坡相对平缓地带则利于松散堆积层的堆积，是利于滑坡发育的地形地貌区间。河谷切割深纵坡大、支流水系发育以及谷坡松散堆积分布广等特点，为泥石流的发育提供了有利的地形及物源条件。褶皱山地地貌区则主要受向斜及断裂影响，地形地貌复杂多变，地质灾害多发育于构造交叉及向斜形成的顺向斜坡地带。

地形地貌是泥石流形成的基础，控制着泥石流的形成过程及其规模，主沟纵坡、沟坡坡度、流域面积、相对高差以及沟壑密度等均为地形地貌对泥石流控制作用的重要体现。

主沟纵坡的大小一定程度上反映了沟谷的发育阶段，也决定了泥石流物源物质由势能转化为动能的大小，为坡面及沟道的侵蚀提供了势能。沟谷从形成至发育期，沟床不断强烈下切，使主沟纵坡不断进行调整。当沟谷发育到一定程度，主沟纵坡逐渐减小，固体物质无力输送到沟口时，主沟纵坡处于不冲不淤的均衡剖面状态，此后泥石流活动将发生显著变化，其间歇期增长，易发性减小，直至衰亡，即由泥石流沟谷变成非泥石流沟谷。

主沟纵坡过大则不利于沟道固体物质的堆积，泥石流物源减少；过小则沟道固体物质势能小，处于稳定状态。这些均不利于泥石流的形成，所以对于泥石流的发育，主沟纵坡的大小存在上、下限的范围值。

沟坡坡度一方面决定了泥石流流域谷坡区的物源量的大小，另一方面则主要影响降雨时坡面水流的流速。沟坡坡度过小，降雨时坡面汇水流速小，难以在短时间内汇聚形成泥石流所需的水动力条件；沟坡坡度过大，则不利于谷坡固体物质的堆积与积累，因此沟坡坡度亦存在上、下限范围值。

相对于流域面积大的河谷，流域面积相对较小的河谷更有利于泥石流的发育。泥石流流域面积过大，其流域内固体物源分散、沟谷宽度增大、纵坡减小等各因素不同程度上干扰、限制了泥石流的形成；而泥石流流域过小，则固体物源量小，降低了泥石流发育的可能。

相对高差反映了流域地形起伏及切割强度，也体现了沟谷的发育程度。随着相对高差的增大，谷坡在不断侵蚀作用下，易失稳增加泥石流固体物源。根据统计，相对高差与流域的主沟纵坡呈显著相关性。在一定的流域面积范围内，泥石流的易发性与流域的相对高差成正比；当流域面积过大时，虽然流域相对高差很大，但沟道长度也随之增大，相应的主沟纵坡减小，泥石流的易发性则降低。

沟壑密度主要体现为地形切割、破碎程度。地形的破碎，一方面降低了斜坡的稳定性；另一方面增加了地表径流，为泥石流的形成增强了水动力条件。因此，沟壑密度是泥石流形成的重要地形地貌指标之一。

（二）地质构造

地质构造是地球内外应力作用使岩体发生变形或位移而遗留下来的形态，其在宏观上主要表现为断层、褶皱等构造。构造形成过程中岩体的完整性被破坏。构造对岩体的剪切破坏可能直接将岩体剪断形成临空面，或者降低岩体的抗剪强度，增大了地质灾害的易发性。另外，构造的形成伴随着岩土体孔隙率的增大，在有利的水源条件下形成的孔隙水压力也提高了不良灾害的易发性，破坏的岩体可能形成滑坡、崩塌，也可能成为泥石流的起动源。因此，距离构造的远近，往往与岩体破坏程度、风化强度和灾害发育频率呈正相关。

断裂构造是地质灾害发育的影响因素之一，从两个方面理论分析：一是断裂的活动直接导致其上部岩土层破坏、破裂，进而导致崩、滑、流地质灾害的发生；另一种情况是距离断裂带一定距离，上盘活动导致距断裂一定距离内平行于断裂而形成的拉张应力区，局部甚至形成反阶梯断裂，造成岩土体破碎、裂隙发育、风化强烈，最终导致地质灾害的发生。

节理是岩石中没有明显位移的断裂，是发育最广泛的一种构造。节理的性质、产状和分布规律常与褶皱、断层和区域构造有着成因联系。节理对不同地质灾害的影响主要体现在加速了岩石的风化，破碎的岩石为滑坡、崩塌、泥石流等地质灾害提供了物质基础。节理构造形成的结构面和碎裂结构带是一种常见的控滑结构面，部分崩塌和滑坡便沿此软弱结构面发生滑移。在碳酸盐岩地区，水进入节理裂隙产生溶蚀作用，易形成地下管道，地下岩溶发育是地面塌陷的形成条件之一。可溶岩中的各种性质的断裂构造带和褶皱构造的核部、翘起端及倾伏端等部位的伴生节理十分发育，岩石破碎，有利于地下水和岩溶发育，同时也是地下水补给、径流、排泄的主要部位，在地下岩溶水位变化幅度较大时，多沿这些部位发生岩溶塌陷。

（三）斜坡结构

斜坡结构主要控制着滑坡、崩塌的发育情况，斜坡结构类型包括土质斜坡、岩质斜坡和岩土体复合斜坡等。

1. 土质斜坡

土质斜坡是发育最多的斜坡类型，主要有黄土斜坡、黄土+棕红色亚黏土或黏土夹砂砾石层斜坡。

（1）黄土斜坡

整个斜坡由黄土组成，坡体由第四系中更新统离石黄土和晚更新统马兰黄土组成，黄土竖向节理发育，颗粒大小均匀，土体松散，其抗剪强度较低，雨水易沿竖向裂隙进入土体，致使其抗剪强度迅速降低，易造成崩塌、滑坡等地质灾害。

（2）黄土+棕红色亚黏土或黏土夹砂砾石层斜坡

斜坡主要岩性组成为上覆黄土和下伏棕红色亚黏土或黏土夹砂砾石层，坡体主体为中、晚更新世黄土和新近系上新统保德组的棕红色亚黏土或黏土夹砂砾石层。此类斜坡上覆黄土透水性好，下伏亚黏土或黏土夹砂砾石层胶结程度低，容易引发崩塌。

2. 岩质斜坡

斜坡坡体主要由岩体组成，境内由于切坡修路等人类活动，岩体遭受风化剥蚀，导致斜坡失稳，形成崩塌地质灾害隐患。

3. 岩土体复合斜坡

斜坡中上部土体，下部出露基岩，上覆黄土裂隙发育，雨水容易入渗，使黄土层含水量增大，而下伏的基岩渗透性小，雨水在黄土与基岩接触面处汇集，起到润滑作用，造成接触面处的黄土强度降低，另外由于切坡修路、建房等人类活动，斜坡坡脚缺失，从而引起上部土体沿接触面发生滑动，形成崩塌和滑坡地质灾害。

（四）地表水

地表水是地质灾害发育的主要外动力条件，主要包括降雨以及生活用水的排放以及河流作用等方面。

1. 降雨

降雨是地质灾害发生的主要诱因之一，高强度降雨（暴雨）和长时间降雨（连续降雨）对地质灾害的诱发作用，主要通过对岩土的软化、泥化作用，静水压力、动水压力增加和冲刷作用等形式表现出来。

(1) 降雨与地质灾害

第一，地质灾害与降雨时间的关系。灾害频次与全年降雨量在有些年份呈正相关性，年降雨量总体较多时，地质灾害的发生次数也较多。但是有些年份这种规律却完全相反，也就是说，年降雨量并不大，但发灾次数却较多。这是因为地质灾害的发生主要受突发性降雨或者持续强降雨的控制。换句话说，如果某一年发生多次小强度的降雨，即使全年总量较大，也可能发灾较少；但如果某年降雨事件很少，但有 1～2 次高强度的暴雨，则该年的灾害频次可能非常大。

从大部分地区往年平均月降雨量来看，发生地质灾害的频次总体上与降雨量呈正相关，即降雨量越大的月份，地质灾害分布的比例大致也越大。这种相关性只在大体上成立，但有一点是非常明显的，就是雨季是地质灾害最主要的发生时期。

第二，地质灾害与降雨强度的关系。地质灾害的发生与降雨强度关系密切，如果降雨强度微弱，或者断断续续，诱发地质灾害的可能较小，但如果在短时间内暴发高强度的降雨，则地质灾害的发生概率很高。

第三，地质灾害与降雨空间的关系。从以往的研究发现，灾害频次并非与空间上的年均降雨量呈正相关的态势分布。降雨是地质灾害的诱发因素，但地质灾害的发生还受到地层岩性、地形地貌、人类工程活动等多种因素综合控制。例如，有的地区是全区降雨量最大的地区，但地质灾害发灾密度在全区却最小，这主要是由于这一地区的地质背景不易导致地质灾害的发生。

(2) 降雨对地表水的影响

短时强降雨在山区汇集，能沿沟谷形成临时性洪水，洪水携带的能量往往是巨大的，破坏力极强。泥石流是典型的由洪水诱发的地质灾害点。在暴雨季节，山区雨水汇聚到山谷，携带着山谷中松散的土层及强风化的岩层而下，给所到之处带来极大的毁坏。

2. 生活用水的排放

生活用水的排放主要影响地表松散土体的结构及其水动力条件，特别是在人类活动集中且地表覆盖层厚度大的区域，生活用水的排放易使地表覆盖层发生变形失稳，造成对地表建筑物的破坏与威胁。

3. 河流

河流的不断下切，使地表形成了复杂的地形地貌现状，对地质灾害的影响主要体现在其侧蚀与溯源侵蚀作用上，改变了地表原覆盖层的稳定性，为地质灾害的发育提供了有利条件。

（五）地下水

地下水主要通过长期与地表岩土的相互作用，通过其物理、化学等作用，不断改变、破坏原岩土体的力学性质，使岩土体逐渐变形失稳，最终导致地质灾害的发生。

1. 地下水对岩土体的作用

（1）物理作用

地下水主要对岩土体不连续界面及其结构面填充物质起润滑与软化、泥化作用，降低结构界面的内聚力及摩擦角，从而降低岩土体的稳定性。

（2）化学作用

地下水对岩土体的化学作用是指主要通过长期的离子交换、溶解、溶蚀以及渗透等影响、改变岩土体原有的力学性质。

（3）力学作用

地下水对岩石体的力学作用体现为主要通过孔隙静水压力降低岩土体的强度，以及孔隙动水压力增加岩土体中的剪应力，降低其抗剪强度，进而使岩土体变形失稳。

2. 变形岩土体对地下水的影响

岩土体受地下水作用发生变形后，同样改变了地下水的补给与径流及排泄条件，改变了地下水的流速及渗透压力等。地下水和岩土体不断地相互作用达到极限状态时，将导致地表岩土体失稳发生地质灾害。

滑坡灾害大多离不开地下水的作用，其中较为典型的古崩滑堆积体复活发生形变的，均受地下水的影响。原处于相对稳定的临界状态的堆积体，在地下水及人类活动的综合作用下，改变了岩土体的力学性质，导致堆积体表面发生开裂等变形迹象。

地下水对泥石流的影响较为间接，主要通过对形成区斜坡稳定性的影响，进而控制松散固体物质补给量来产生作用。

3. 降雨对地下水的影响

降水给地质灾害的发生提供了能量来源，但直接诱发岩土体滑动却主要是地下水运动的作用。如土质滑坡，滑动面主要为岩土接触面，往往是一层软塑状的含砾黏土、粉质黏土，其次为黏土。雨水渗入土体中转化为孔隙水，在向下运移过程中遇坚硬的岩面后，沿着岩土接触面流动，使得这个接触面附近的土体含水量增加并软化。当软化的接触面在孔隙水压力达到一定程度后，便使得上覆岩土体沿接触面向下滑动，从而形成滑坡。这是地下水对滑坡的影响机理。

渗冒浑水是滑坡等地质灾害的一个重要变形迹象，坡体前缘渗冒浑水，势必携带更多的土壤颗粒，容易导致土体不稳定从而出现垮塌现象。特别是在滑坡不稳定的情况下，这种现象经常发生。

地面塌陷与地下水的关系密切，除了地下岩层开挖引起的冒顶型塌陷，地面塌陷主要是岩溶区地下水活动所引起的。岩溶区地下发育很多溶洞，这些溶洞上覆的土层一般处于稳定状态，地下水通过水位的变化、潜水的流动等活动方式侵蚀着地下的土层，如果这些地下的侵蚀作用打破了上覆岩土平衡的应力场，土体就会落入地下洞穴，在地表形成塌坑。

（六）地震

地震是一种极具破坏力的自然灾害，快速释放能量的地震会直接引发滑坡和崩塌等地质灾害，或引起已有滑坡、崩塌等地质灾害再次复活。大部分地震只是加剧了原有地质灾害，受地震力的影响，原有崩塌地区不同程度地出现了坡顶掉块和整体变形等现象，使原来稳定性差、变形迹象明显的地质灾害活动迹象更加明显，因此，地震对滑坡、崩塌等地质灾害的发育有直接影响。

二、人为诱因

不合理的人类工程活动会严重损害原有的地质环境条件。在自然条件下，短时期内地形地貌不会发生太大变化，需要若干年甚至成千上万年才能有所改变，然而在人类工程活动的影响下，坡体会在很短时间内发生应力改变，导致坡体失稳形成地质灾害。因此，在相同的地质条件下，人类工程活动越强烈，地质灾害就越发育。近几十年来人口数量高速增加，对自然资源的索取日益增多，对人类生活的影响也日益增大，选址建房、开挖窑洞、修建交通道路、矿山开采、过度开采地下水等不合理的人类工程活动，使得地质灾害的发展与危害日趋严重。

（一）选址建房与开凿窑洞

受到地理条件的限制，生活在黄土台塬地区的村民通常会顺坡开挖窑洞，但由于风化作用，坡前陡坎和窑洞顶部会逐渐出现裂缝，雨水等会沿着裂隙渗入土体，降低土体强度而引发滑坡、崩塌等地质灾害。生活在中山、低山丘陵地区的村民大多选择在山坡脚等地面平缓处进行窑洞开凿，形成了较多高度不等的临空面，改变了坡体应力分布，降低了斜坡的稳定性，加之降雨的侵蚀和冲刷作用，边坡土体逐渐开裂，继而产生滑坡、崩塌、泥石流等地质灾害。

（二）修建交通道路

在各级公路、铁路等修建过程中，存在众多不合理开挖和爆破扰动岩土体等现象，破坏了山体、斜坡原有的稳定性，产生了大量高陡边坡。其中，国道、高速公路一般建有护坡治理工程，稳定性较好；而大量的低等级公路护坡、排水措施不到位，边坡稳定性差，在风化、降雨等作用影响下，常有小的崩滑现象发生，隐藏着极大的地质灾害隐患。

（三）植被覆盖率降低

植被不仅可以防止水土流失和减缓降水的渗流作用，其根系也可锚固坡面土体，从而增加斜坡的稳定性。近年来，一些公路建设和水利水电工程的建设降低了植被覆盖率，加剧了水土流失和坡面侵蚀。长期不科学的农业活动和放牧活动会加剧地质环境条件的敏感性，灌溉水的不合理排泄加上植被的破坏，也会加剧渗入作用，进一步降低斜坡土体的力学性质，直接导致地质灾害的发生。

（四）修筑水利设施

水电站修建同样诱发了许多地质灾害。修坝需要大量土石料，这些材料主要是就地开采，因此不可避免地形成了高陡边坡或高临空面。加之开采时的大量放炮也松动了未开采的岩体。这种开采活动均为以后的滑坡、崩塌创造了有利的条件。水电站建成，随着库区的不断蓄水，地下水位抬升，库区岩土体处于饱和状态，软化岩土体，易形成软弱面，同时水位骤变，侧向水压力的变化为滑坡、崩塌的发生创造了条件。

（五）采矿活动

地质问题往往与人们的社会工程业务活动有关。人们开发的资源越多，地质灾害就越多。除了煤矿的独特储量外，矿山资源广泛应用于冶金、化工、陶瓷、建筑等行业，也占有相当的优势。这导致规模巨大的发电厂、陶瓷厂、冶金公司、建材厂、大批城市集体企业和大中型矿山出现，这些企业的开采活动对地质环境造成了严重危害，导致大部分地区发生地质灾害。人类大规模的建设，对环境的破坏也非常严重。随着工业、矿山和居住建筑不可避免地在山区附近修建，人们的活动进一步加深了地质环境的变化。人工削坡和采空区不可避免地会诱发越来越多的地质灾害。

矿产资源开发与利用使得当地经济迅速发展，但不合理的资源开采也造成了许多环境和灾害问题。一方面人类大规模地采矿，形成了采空区，引起地面塌陷；另一方面，矿产开发以及围绕矿产开发进行的发电、炼焦等生产活动产生的废料废渣未经过有效处理，随意堆放排放到沟底或者河流里，经过雨水河流冲刷，污染并堵塞河道。矿产开发使脆弱的地质环境进一步恶化，生态平衡遭到破坏。

（六）旅游开发

旅游开发对地质环境也会造成影响。一方面，大规模修建农家乐以及景区的开发建设，开挖坡脚，形成高陡斜坡，一定程度上破坏了原有的地质环境条件，容易引发滑坡、崩塌灾害；另一方面，游客的增加，也使山前原本威胁对象少或无威胁对象的地质灾害危害性增大。

（七）过度开采地下水

生活在水资源短缺地带的居民，为了缓解城市居民生活和工业生产等问题，会对潜水层和承压水层的进行强烈的抽水活动，使得在抽水严重区域形成地下水的降落漏斗，导致区域内强烈的地面沉降，也增强了地裂缝的活动性。除此之外，地下水位变化会破坏岩土体原有的平衡状态，从而导致地质灾害。

综上所述，地质灾害的形成与发展受多种因素的影响和控制，其中，自然环境因素是天然存在的，人们需要以科学的态度，尊重和保护环境，以降低地质灾害发生的可能性，而人为因素则需要人们能科学地约束自身行为，避免对自然环境条件产生非必要的损害，从而减少地质灾害的发生。

第四节　地质灾害的危害分析

一、对人体生命安全和财产的危害

20世纪超过三分之一的7级以上大陆地震发生在我国，全球因地震死亡的120万人中，我国占59万，地震灾害居世界之首。北京时间2008年5月12日，四川省汶川县发生8.0级地震，死亡和失踪人数合计87 150人。2010年4月12日，青海省玉树藏族自治州发生7.0级地震，死亡人数2 698人，失踪270人。2013年4月20日在四川省雅安市发生7.0级地震，地震共计造成196人死亡，21人失踪，11 470人受伤。2014年8月3日云南省鲁甸县发生6.5级地震，共造成包括昭通市鲁甸县、巧家县、昭阳区、永善县、曲靖市会泽县等在内的55个乡镇遭受不同程度的破坏，617人死亡、112人失踪、3 143人受伤。2017年8月8日在四川省北部阿坝藏族羌族自治州九寨沟县发生7.0级地震灾害，造成25人死亡，525人受伤，6人失联。2020年我国总共发生5次地震，其中2次6级以上都在新疆地区，影响相对较小。地震灾害对人类的生命、财产造成的影响是非常巨大的。

泥石流也是世界范围内发生最频繁、危害最大的灾害之一。泥石流和滑坡每年在全球范围内夺去大约1 000人的生命。据统计，中国有29个省（区）、771个县（市）正遭受泥石流的危害，平均每年泥石流灾害发生的频率为18次/县，近40年来，每年因泥石流直接造成的死亡人数高达3 700余人。目前中国已查明受泥石流危害或威胁的县级以上城镇有138个，主要分布在甘肃（45个）、四川（34个）、云南（23个）和西藏（13个）等西部省区，受泥石流危害或威胁的乡镇级城镇数量更大。中国每年因泥石流灾害产生高达20亿元人民币的直接经济损失。

此外，崩塌灾害作为一种长期以来伴随人类生产生活的地质灾害，往往因其发生迅猛而使人员或者财产蒙受巨大损失。因此，每年国际社会都会举行大量地质灾害相关的学术交流，以号召人类共同应对地质灾害的挑战，并唤醒人们重视灾害的发生与预防工作。但由于崩塌灾害的随机性，经常出现"灾害年年防，灾害年年有"的现象。据自然资源部地质调查局统计（见表1-4），我国每年因各种原因引起的崩塌灾害约2 000起，占常见地质灾害数量的15%左右。随着经济的发展，人类生产居住范围不断扩大，大量的工程建设在崩塌易发区进行，因此受到崩塌灾害影响的可能性较大。在国内外，崩塌灾害造成人员伤亡和经济损失的情况屡有发生。

表1-4　2012—2020年地质灾害损失统计表

年份	地质灾害总数	主要地质灾害发生次数			伤亡/人	经济损失/亿元
		滑坡	崩塌	泥石流		
2020	7 840	4 810	1 797	899	197	50.2
2019	6 181	4 220	1 238	588	299	27.7
2018	2 966	1 631	858	339	185	14.7
2017	7 521	5 847	1 153	521	523	35.9
2016	9 710	7 722	1 491	497	593	31.7
2015	8 224	7 403	1 484	584	422	24.9
2014	10 907	8 128	1 872	543	637	54.1

续 表

年份	地质灾害总数	主要地质灾害发生次数			伤亡/人	经济损失/亿元
		滑坡	崩塌	泥石流		
2013	15 403	9 849	3 313	1 541	929	102
2012	14 322	10 888	2 088	922	636	52.8

二、摧毁城乡建筑、交通干线和工厂矿山

崩滑流的频繁发生，摧毁了大量的城乡建筑设施、耕地、工厂和交通干线。据初步统计，我国有400多个市、县、区、镇受到崩滑流的严重侵害，其中频受滑坡、崩塌侵扰的市、镇60余座，频受泥石流侵扰的市、镇50余座，有些市、镇甚至受到3种灾害的共同侵扰，给当地人民的生命财产造成了极大的损失，严重阻碍了当地的经济和社会发展。较为典型的有重庆、攀枝花、兰州、东川、安宁河谷等。全国几条山区干线铁路，如宝成线、成昆线、宝兰线都受到了崩滑流的严重危害，如宝成铁路从20世纪50年代末至今，已出现了20世纪50年代末、20世纪80年代初（1981年）两次大规模崩滑流，不仅摧毁了铁路、列车，造成运输中断，给铁路部门造成了严重的经济损失（仅1981年用于宝成线铁路修复的资金就达3亿元以上），而且因停运给川陕两省乃至全国所造成的经济损失就更无法统计了。

我国各省市都存在地质灾害。地质灾害损失较大的地区有山东、四川、云南、陕西、湖北、内蒙古、甘肃、青海、宁夏、辽宁、广东和贵州。主要产生的地质灾害的类型有滑坡、崩塌及地面塌陷等。以长江三峡地区为例，由于地质构造复杂，新构造运动及长江侵蚀下切作用强烈，以及受暴雨等自然因素和人类工程活动的影响，崩塌、滑坡频发，是我国地质灾害多发地区之一。

第二章　地震灾害分析与治理技术

我国是世界上地震活动最强烈和地质灾害最严重的国家之一。地震引发的灾害多种多样，在山区最突出的地质灾害类型是崩塌、滑坡和泥石流。地震地质灾害不仅给当地居民的生命财产造成了极大损失，还严重影响了铁路、公路、水运及水电站等基础设施的运营安全，因此，地震灾害的治理是我国亟须解决的问题。本章分为地震灾害分析和地震灾害治理两个部分。

第一节　地震灾害分析

一、地震的成因与类型

（一）地震的成因

1. 地震的成因研究历程

古代人民对地震的解释有很强的宗教性，中国通过"天人感应"将地震和社会的变动联系在一起，日本认为地震是由地下的形状像鲇鱼一样的诸神引起的。此后，希腊学者开始用物理理论代替民间神话和传说，公元前526年的安乃克西门内斯认为地球岩石是地壳震动产生的原因，岩体下落到地球内部的时候，撞击到其他岩石，引起震动，表现为地震，一些如杰里科城墙的倒塌和红海裂缝等自然现象被解释为地震造成的现象。

在18世纪，随着牛顿力学和波动理论逐渐发展及应用，相关领域的一些学者开始将地震与穿过地球内部区域的"波"联系在一起。这些研究报告非常重视由坍塌、地面高度和海平面变化引起的地震现象。20世纪90年代，形成了目前被广泛接受的成因机制——断层引发地震。

除了上述地震成因机制，其他相对广泛的地震成因机制还有岩浆撞击和相变成因机制。火山区是岩浆活动活跃的地区，岩浆冲击机制受到重视。火山地震是岩浆撞击的结果，火山地震一般较小，涉及面也不广。相变成因机制则认为当地面温度和压力达到一定临界值时，岩石中所含矿物的结晶状态可能会突然改变，从而改变岩石的体积，因内部岩石坍塌而引发地震。

20世纪末到21世纪，理论力学及构造力学更多地用到地震成因机制的定量解释上，信息技术的发展将计算机应用到地质模型建立、构造运动模拟分析上，地震成因机制解释得到飞速发展。在近代一系列地震成因机制学说基础上，发展了一些新学说，如：地震核变成因机制——地震是地幔中核变的及时效应在地壳上的表象；高压藏地震成因机制——地球内部由于断层、褶皱、沉积和岩石溶解，地球内部可以形成许多地质空间，地球中的高压熔体和气液会沿着裂缝或其他通道进入地质空间，形成高压地质层，在高压作用下，空间屏障或空间围岩会发生反弹撞击，形成内力地震；惯性动量不均衡成因机制——地震是由板块之间的不同步运动相互挤压引发的，板块运动的动力来源属于外源性的，和潮汐现象一样，其动力来源主要是月球的引力变化，即板块运动的原动力源于地球表面的惯性动量不均衡分布。

目前发展形成的地震成因机制解析理论逐步完善，但是地震是地下不同构造产生不同构造活动的复杂过程，以目前的科学水平还不足以对地震成因机制进行精确分析。

2. 断层地震的成因机制

断层地震源于对1906年美国加利福尼亚州旧金山地震的研究，根据地震调查委员会的报告，强烈的地面震动是由圣安德烈斯断层突然错位而引起的，该断层从墨西哥边境延伸到旧金山以北400多千米的地方，断层西侧的岩石块向北发生错位。这种由地壳（或岩石圈）在构造运动中发生形变，当变形超出了岩石的承受能力，岩石发生断裂，长期积累的能量得到释放，造成岩石震动，形成的地震，即为断层地震。断层地震具有波及范围大、破坏性强的特点。断层诱发地震分为正断层诱发地震、逆断层诱发地震和走滑断层诱发地震，也有同时具有不同性质的断层引发地震。如汶川地震就是印度洋板块向亚欧板块俯冲，造成青藏高原快速隆升，高原物质向东缓慢流动，在高原东缘沿龙门山构造带向东挤压，遇到四川盆地之下刚性块体的顽强阻挡，造成构造应力能量的长期积累，终在龙门山北川—映秀地区突然释放，产生逆冲、右旋、挤压型断层活动。近年来，可通过相关信息科技产物，如GIS的应用，定量研究某个断层对地震成因机制的影响。

3.褶皱地震的成因机制

大型地震通常发生在活动板块边界，解释这些地震的成因机制的时候，发展起来的各个地震成因机制理论都得到了充分应用。

地震的成因机制是一个复杂的问题，在国际上探讨了多年，许多科学家已经意识到地震成因机制非常复杂，如1983年美国加州柯林加6.5级地震的发生，使地质学家开始注意活动褶皱引起的地震及形成机制，促进了对活动褶皱与地震关系的研究。例如，北美板块内部构造稳定带的新马德里地震带表面没有活动断层，其震源断层被认为是隐藏在新生代盖层下的几乎直立的、属于早期古裂谷构造带的软弱层，这在后来被称为"滑脱层"。

在1811—1812年，早期古裂谷构造带发生了几次8级大地震。研究结果发现：这些地震都是在区域挤压应力作用下沿古裂谷带中的构造滑脱层发生右旋走滑错动的结果。相似的例子还有在西澳大利亚大陆西部内部地区曾发生过多次板块内部内强震，根据深部钻孔、地应力测量和震源机制，这些板块内部相对稳定区的大地震是上地壳的构造滑脱层在应力场作用下破裂和错动引发的结果。根据现代地震学震源理论，浅部地层在应力作用下变形破裂，破裂面在应力的作用下继续扩张，推动破裂面两侧岩块运动，产生弹性震动，地震则是岩层快速破裂和滑动的结果。对于以上几个发生在板块内构造稳定带中沿滑脱层发生的地震，实际上也是在特定应力场作用下，沿某一组有利于构造面破裂、错动的结果。

（二）地震的类型

地震类型根据致震断层的类型分为正断层地震、逆断层地震、走滑断层地震。断层分为致震断层和非致震断层，其中，致震断层能够诱发地震。根据致震断层两盘的相对运动关系，以沿地表断裂的走向为主的断层称为走滑断层，以沿断层面向地下倾斜滑动为主的断层称为倾向滑动断层，倾向滑动断层分为正断层和逆断层。正断层是指断层上盘相对于下盘，沿断面向下运动的断层。正断层的断面倾角较陡，一般为60°。正断层内部受到地壳的拉应力，所以使断层两盘运动方向相反。逆断层是指断层上盘相对于下盘，沿断面向上运动的断层。逆断层内部受到地壳的压应力，所以断层两盘相对运动。在我国60%的地震都是由逆断层以及与逆断层相关的致震断层（走滑逆断层）引发的。

走滑断层的断盘是左右两盘，断盘顺着断面平行运动。走滑断层断面直立光滑，有明显的剪切性质。根据滑动方向的不同分为左旋走滑断层和右旋走滑断层。在发生走滑断裂时，断层平行于走向平动，我们在一侧看另一侧，如果另一侧是向左运动，那么走滑断裂的类型是右旋走滑断裂。由于在实际地震中，断盘并不完全是平移滑动和直立滑动的，而是斜向滑动的，所以很多地震都是由走滑断层和正断层逆断层组合而成的。根据统计发现：在大地震中，走滑断层一般为主要运动方式。

致震断层的划分是按照断盘的相对运动关系：正断层两盘相反运动，是张性断层，内部以张应力为主，是由重力和张应力共同作用形成的；逆断层两盘相对运动，是压应力和重力共同作用。走滑断层以剪应力为主，它和主压应力方向夹角小于45°且成对出现。

二、地震灾害的特征

基于上述对地震的分析，地震灾害具有以下几大特征。

（一）突发性强

就某一区域而言，对比其他突发事件，如交通事故、火灾事故以及医疗事故等，地震灾害具有爆发率低、突发性强的特征，地震灾害的发生时间隐蔽且持续时间通常只有几十秒甚至十几秒钟，爆发速度远远超出人类的认知反应。随着科学技术的发展，一般情况下，部分自然灾害在爆发前能够被提前预测，如暴雨、台风、洪涝灾害等气象灾害，但由于地震发生的随机因素很多，本身不具备周期性和可预测的规律性，从以往的地震预测经验效果来看，目前已有的科学技术很难精确地预测地震发生。现阶段，人类虽然不能准确地预测地震发生的时间，但可以实现对地震的预防，能够尽量减少地震灾害带来的破坏。

（二）群发性和连锁性强

地震灾害带来的群发性和连锁性主要体现在两个方面。一方面，地震灾害本身具有连发性特征，是以灾害链的形式在地表空间和时间上层层爆发，爆发期短且重建周期长，可能会引发如火灾、暴雨、海啸、地质灾害、毒气泄漏、瘟疫等；另一方面，遭受地震的直接影响出现房屋倒塌、建筑损毁、电力系统受损、交通中断等，加重地震灾害的损失，使救灾与重建阶段更加艰难曲折。

（三）危害性大

地震的爆发时间通常极为短暂，但其造成的破坏和引发的次生灾害对社会造成的影响却极为持久和深远。我国城镇人口密度大，基础设施与建筑物集中且规模庞大，是经济活动和信息高度集中的特殊区域。地震灾害的发生会给城市造成严重的经济损失，并持续影响周边区域的经济活动，如工厂因厂房倒塌和设备破坏停工停产；自然及人文景观因地震的破坏对旅游经济造成损失；电力、交通、水利、通信系统持续数日中断且重建过程耗时长；城市重建过程中因众多生产生活资料遭受破坏，极易引发物价上涨、物资匮乏等市场紊乱等社会问题，这些都将会在短暂时间内造成巨大的经济损失。

（四）受灾对象广

我国城镇人口密集，个别城市人口密度居世界前列，城市遭受地震灾害破坏后，受影响的主体范围并不是单纯的一个，而是会给整个区域全体社会成员造成损失。除了巨大的受灾人数和巨额财富之外，还包括广泛的受灾部门，包括电力、交通、医疗、通信、工业、农业、水利、环境等各个部门。地震发生后，由于重灾区的一切经济活动被迫中断，社会的基本生产生活功能部分或全部丧失，甚至可能失去基本的自救和恢复能力，对社会造成的是整体利益的损失，仅仅依靠政府的力量难以有效开展抢险救灾工作，急切需要社会中的多元力量协调进行。在当前的体制下，政府的力量是绝对的救灾主力，但由于地震灾情复杂，不同的救灾阶段和不同的受灾情况亟须民间力量来参与，如钱物募集、物资运输、灾民安置、食品发放以及心理辅导等工作，民间力量是对政府和军队救灾的有益补充。

（五）救灾需求大

由于地震灾害的群发性和连锁性强，地震灾害在造成直接的人员伤亡和经济损失的同时，受灾区域自身复杂的系统，会导致紧急救援阶段、灾后恢复重建阶段过程烦琐，从而导致灾害损失持续增加。地震发生后，需要在短时间内集中大量的应急资源，包括专业设备，如用于挖掘、探测、消防、运输等方面的设备，日常生活用品，如帐篷、衣物、药品以及食品等，还需要根据灾区实际情况协调社会组织配送应急物资。整个地震灾害治理的过程关涉诸多领域的综合性事务，既需要政府行政力量对其他参与主体进行协调指导，又需要信息网络、科学技术等技术手段的支持，同时更需要综合性治理措施的实施和推进。因此，地震灾害的治理要求政府与多元参与主体通力协作，实现多元主体资源、信息和技术的共建共享，共同致力于地震灾害治理。

三、我国地震灾害现状

从全球范围来看，中国地处三大板块交界处，这导致东部沿海和西部及邻区活动强烈。尤其近几年来，我国地震发生频繁。

我国地震爆发处在前列的地区为新疆、西藏、内蒙古、四川等西部省份，大致集中于中国第一阶梯和第二阶梯上；而除了云南、台湾、广西、唐山等地，大部分中东部地区地震爆发次数较少。有学者对近20年的地震灾害时空进行研究，得出我国地震爆发的热点地区为四川、云南、新疆，而造成的损失最突出的为四川省，其死亡人口、受伤人员及经济损失均处于前列，这与本书所描述的地震爆发区域显示保持一致。2019年全国共有10个省份爆发了地震，而损失惨重的地区为四川，尤其是2019年爆发的四川长宁地震，其死亡人口达13人，受伤人员达299人，所产生的经济损失高达56亿元。由此可见，地震灾害具有很强的破坏性，危害着人类社会的发展。据相关统计，中国2级地震爆发的次数波动曲线接近正弦函数，最低点为500次左右，最高点为800次左右，2012—2017年为半个周期，前后相距5年，这段时间内，爆发的次数呈现先递增后下降的趋势。

地震爆发越来越频繁，造成了较大的人员伤亡情况，引起了党和政府的高度重视和关注。早在1971年，国务院发布文件决议，成立专门的中央地震工作小组，开展对地震的监测、抗震救灾等工作。经过不断完善，2012年8月28日修订了《国家地震应急预案》，提供了有效的地震应急对策，其目标就是最大限度地降低人员伤亡和经济损失。

第二节 地震灾害治理

一、地震灾害治理的技术与措施

（一）地震灾害治理技术

1. 遥感技术的应用价值

（1）获取地震灾情

破坏性地震发生后，由于常规网络通信手段失灵，很难在短时间内获取地震现场的灾情信息，这一点在2008年汶川地震中表现得尤为明显。而震后72小时又是救援黄金期，在震后几个小时内，在灾区通信及交通中断的情况下，快速获得高烈度区震害信息，可以为震害快速评估及抢险救灾提供准确决策依据，而遥感无疑是当前最佳的技术途径。近年来，我国高分辨率遥感技术得到了长足发展，一方面是高分系列卫星发射，打破了国外卫星亚米级分辨率影像垄断；另一方面是以大疆为代表的无人机遥感技术快速进步。无人机遥感由于其灵活性强、影像分辨率高、数据现实性好等特点，能够直观地获取各区域灾情严重程度、道路通达状况、次生灾害分布情况。从无人机震后获取的遥感影像中可直观地了解整个红石崖地区灾情破坏情况，滑坡、道路、堰塞湖分布情况，从而为实施科学救援提供真实可靠的依据，最大限度地提高救援速度和效率。

（2）预评估震害损失

建筑震害预评估的核心内容是模拟地震人员伤亡与经济损失。传统的基于统计人口与经济总量的震害损失预评估结果的空间分辨率较低，主要由于受灾人口与灾区经济大多从统计年鉴中获取，其空间精度较低。基于遥感技术的震害损失评估方法，主要包括建筑破坏比预测、受灾人口与经济密度估计、死亡人口与建筑经济损失预评估三个步骤。

第一，基于遥感技术的区域建筑破坏比预测。利用遥感数据提取与建筑抗震能力相关的高度、年代、结构等信息，计算建筑的易损性曲线和综合震害指数。基于综合震害指数，将建筑物状态划分为"基本完好、轻微破坏、中等破坏、严重破坏、毁坏或倒塌"五种。

第二，基于夜间灯光的人口、经济密度格网。统计各行政单元的经济与人口总量、夜间灯光亮度总量，建立夜间灯光与人口空间分布的拟合函数，通过夜间灯光亮度分布模拟人口空间分布密度。

第三，死亡人口与建筑经济损失估计。统计建筑震害综合指数和倒塌率，根据历史地震统计参数建立震害指数与建筑经济损失比的函数关系，建立房屋倒塌率与人员伤亡比的关系。联合人口、建筑经济损失比与经济人口密度，预测震后人口伤亡与建筑经济损失。

（3）监测地震次生灾害

狭义地震次生灾害是指强烈地震发生后，自然界原有状态被破坏，造成山体滑坡、泥石流、海啸、堰塞湖等对生命产生威胁的一系列因地震引起的灾害。这些次生灾害导致交通受阻、河流堵塞、山体滑坡，严重影响救援工作开展并威胁灾区人民群众的生命财产安全。震后通过遥感技术可以对堰塞湖、泥石流、滑坡、崩塌等次生灾害进行有效监测。一方面可获取最新的灾区次生灾害分布信息；另一方面可以结合地形数据（DEM）对滑坡、堰塞湖的土方施工工程量进行估算，为后续救灾方案设计实施提供科学数据参考。

2.3S 技术的应用价值

在地震引发的地质灾害的研究中，如泥石流、崩塌、边坡稳定性、断裂等方面，目前已基本实现了 RS 与 GIS 的紧密结合，个别项目达到了 3S 技术整体结合。RS 作为主要的地震灾害专题空间数据源和数据更新手段，为 GIS 提供空间数据和反映目标属性的专题数据；GPS 为 GIS 获取地震灾害目标要素的空间坐标数据，实现快速精确定位；GIS 提供对多源数据的存储、管理、处理、分析、分类等辅助，提供对多源地震数据的空间分析和趋势分析，以及对分析成果的二维和三维表达。

3S 技术在汶川大地震中得到了很好的应用。例如，在地震引起的山体滑坡、泥石流等地质灾害中，RS 实时获取汶川地区的遥感数据，对震区实现动态观测，通过变化检测分析等一些遥感图像的处理方法对震区的图像分析，得出地物变化信息值；GPS 负责对震区地形、地面控制点、重要建筑物进行几何参数定位，而且其实时、高精度、全天候测量等优点，为迅速开展工作提供了便利；发挥 GIS 对震区综合信息的存储、管理、处理、空间分析的强大功能，迅速生成应急决策方案，为迅速展开震后救援提供第一时间的科学依据。能否迅速实施救灾工作，直接关系到党和政府的形象，关系到人民的生命和财产安全，关系到社会的安定和经济稳定发展。这次地震中 3S 技术发挥了很大作用，在抗震减灾中争取了时间，为今后地震引发的地质灾害的防治提供了宝贵经验。3S 技术可以说已经成为地震灾害减灾、防灾的不可或缺的重要工具和手段，在地震灾害防治中发挥着越来越重要的作用。

（二）地震灾害治理措施

1. 加强地震灾害的协同治理

（1）健全地震应急管理协同治理相关政策法规

多主体合作管理需要完善的法律法规体系来提供保障，发达国家的法律法规对多元主体的权利义务的规定是明确的，各主体依照规定各司其职、各尽其能。相比之下，我国目前对于地震应急管理协同共治方面的法律法规完善度还不够，需要将多元主体参与治理的范围、方式和地位等内容做进一步的明确，即明确行业协会、企业公司、新闻媒体和社会公众等此类主体在参与共治中的责任和义务。在相关立法或规范性文件中，必须充分考虑通过举办座谈会等方式汲取社会舆论，这些方法使这些主体多元化完善，促进了法律的普遍性和适用性。

在我国，缺乏对跨部门协调机构的制度化、规范化设置和运行职责的明确规范，通过法律层面来明确各部门的运行职责是跨部门协调机构未来的发展方向。自然灾害防控协调机制中的领导班子、指挥组和联席会议是由领导权驱动的纵向协调机制。协调机制存在着关系弱、约束弱等实际问题。因此，为了加强自然灾害防治部门之间的协调，必须建立和完善法律制度协调机制。明确界定部门职责的根本任务和最重要的任务是制定相关的法律法规，强化部门职责界定的约束力，同时以法律形式明确机构间的合作行为。随着改革的深入和成熟，当各方在形成合作机制且责任更加明确时，就应该上升到法律规范上来。

地震应急管理法治这一概念不是单一层面的，它包括了地震应急管理的法律制度，还包括了地震应急管理法律的监督实施等。地震应急管理法制化建设的加强，需要将整个工作的建设纳入法律和法治的范围，按照相关的法律法规进行应急预案的建立健全，依法行政，依法开展应急管理，将法治精神在整个应急管理工作中贯穿加强。

（2）完善地震应急多方协作的应对机制

①要不断完善应急预案体系。从根本上来看，应急预案是各项突发应急事件发生后涉及整个处置的过程中的重要参考，对于地震应急管理事件的处置发挥了指导性作用。制定相应的地震应急预案，可以为抗震救援指引方向，所以，必须严格按照"横向到边、纵向到底"的基本原则搭建应急预案体系，从地震部门纵向与市级政府各部门间横向齐抓共管，在很长一段时间内，应急预案须得满足可持续变化的特征。应急预案应同时具备灵活性、操作性、实用性的特点。"纵"是指根据垂直管理的相关规定，国家、省、市、县、乡等多级政府都要拟定出所在层级的地震应急预案，层与层之间不能有断档；"横"是指地震事件发生后所有处置工作都要落实到职能部门上来，各部门要制定部门预案和专项应对预案，这两种预案都必须具备。不同预案之间不能出现逻辑错误，且要有效接续，各级政府要对自身预案进行细化处理。总体来看，应急预案所处的层级越低，则各项规定就需要越发明确详细，要具有更强的可操作性。

②市级政府部门要在各自的权责定位的基础上开展预案编制。政府部门也要根据社会发展不断修订生效中的地震应急预案，以保障地震事件发生后预案可以发挥应有的作用。应急预案的修订不仅要符合社会发展规律，也要在此基础上借鉴一些国外的先进经验。如无特殊情况，每隔两年左右要重新修订一次应急预案；而当强破坏性地震发生处置后，往往是在事后总结阶段，要对有效经验进行归纳整理，对处置过程中的教训引以为戒，结合整个过程中的实践检验结果，及时调整应急预案，从而使修订后的应急预案能够更好地指导地震应急管理工作。

③政府同时也要大力推动其他多元主体的地震应急预案编制工作。地震应急管理工作需要借助政府部门以及行业协会、公司企业、社会公众协同参与的力量。政府和其他主体达成合作关系，制定更适宜本元素且切实可行的应急预案。政府要对相关组织的预案制定工作进行针对性指导，引领专项预案编制工作。在预案编制的过程中也要从地震的预防工作、应急处置、救援开展和秩序恢复等多维度

考虑预案的科学性、合理性及可操作性，进而规范整个城市的地震应急预案。

(3) 发挥地震灾害治理中的多元主体作用

在新的发展形势和经济发展背景下，多元主体参与地震灾害治理工作能够取得良好的成效。由于地震灾害影响深远，涉及对象范围广，在预防准备阶段、抢险救灾阶段和恢复重建阶段需要多个主体的参与。在我国的地震灾害应急救援实践中，参与协同治理的主体大致可以划分为政府、社会组织、企业和公民。

①政府。在不同的历史背景下，政府的职能也不尽相同，对比凯恩斯时期奉行大政府时期的管理与控制，现代服务型政府的提出更加注重宏观上的治理和指导。政府的概念有广义和狭义之分：广义的政府是指包括立法机关、司法机关以及行政机关在内的行使国家权力的所有机关；狭义的政府是指国家机构中的行使行政权力、履行行政职能的各类执行机关。现代意义上的政府是一个国家进行统治和管理，向社会表达国家意志、发布命令以及处理核心事务的机关。本书中所探讨的地震灾害中多元主体的政府主要是指国家行政机构，按照行政层级分为中央政府、地方政府和基层政府。地震灾害治理中，政府作为公共利益的代表者，要承担起应有的职能与责任。政府在治理的过程中已不是唯一主体，但其地位要高于其他主体，发挥主导作用，承担更多的责任，以合作者的姿态动员社会力量，协同多元主体共同应对地震灾害治理，将政府之间，政府与社会组织、企业以及公民的关系协调好，同时积极扶持并监督其发展，促进各类主体之间的有效协同。

②社会组织。社会组织，又称第三部门、非营利组织、民间组织、社会团体等。目前有关社会组织的定义尚缺乏统一性，但关于"社会组织具有非营利性、志愿性、民间性、组织性、自治性"的观点已得到学术界的普遍认可。社会组织主要是相比较于政府组织来说的，本书分析的角度在于社会组织相比较于政府组织所具有的互补性质的专业优势和灵活性。社会组织的概念有广义和狭义之分，广义上的社会组织主要是区别于政府和企业以外的社会组织，而狭义上的社会组织主要指我国政府官方文件中的"民间组织"，包括民办非企业单位、社会团体以及基金会，外延相对较小，本书主要采取狭义的含义进行界定。我国的社会组织发展较晚，但至今已形成种类繁多、规模宏大、独立性和合法性增强的特征，涉及科教文卫各个领域的社会组织在社会政治、经济、文化等公共事业中发挥着越来越重要的作用。

社会组织既是国家代理人又是社会行动者。在地震灾害应急救援中，常常活跃着大量的社会组织，尤其是在地震灾中响应和灾后应急救援中，各类社会组织发挥的作用越来越大。地震发生后，社会组织依据自身独有的优势搭建多元化的信息交流平台，帮助政府获取受灾民众的需求和呼声，降低政府获取信息成本，提高应急救援效率；广泛动员社会公益组织为灾区提供援助，有效弥补政府资源短缺，加大对灾区的支援力度；自发组织的应急救援志愿者是政府专业应急队伍的重要补充，自发组织的志愿者通常能够更加灵活地在第一时间抵达灾区，对当地灾民的生命财产进行及时救助。

③企业。企业作为市场组织的重要主体之一，拥有丰厚的人力资源、物力资源、信息以及财力资源，在组织合作中具有得天独厚的优势。在传统的地震灾害中，应急救援工作都应由政府来开展，但世界各国政府公共安全治理的经验表明，企业自身的优势能够在合作治理中，弥补政府的不足，从而在提供公共服务中发挥更好的作用。地震灾害的影响大、破坏性强，灾后救援迫切需要急救性的物资、设备，政府的性质和职能使其在提供物资、设备、专业性人才方面存在一定的局限性，而企业灵活的管理机制和丰富的市场需求实践经验，能够在地震灾害应急救援中发挥更好的资源可供性和时效性，能够在地震灾害全过程的应对中提供全方位的物资、财力保障，并做好震后的善后理赔工作。

另外，企业参与地震灾害治理也是企业履行社会责任的具体体现。传统观念认为企业的唯一责任是追求经济利益最大化，但实践表明这种利益性的宗旨会带来灾难性的后果，因此在追求经济利益的同时，还要兼顾对消费者、环境以及社会负责，只有这样企业经营才会经久不衰。地震灾害的发生使得部分企业既是灾害波及方，又是灾害协助方，因此企业一方面需要发挥自身优势降低灾害带来的损失，尽快恢复正常运营，另一方面企业需要根据灾害应对的各个阶段适时伸出援助之手，参与应急救援，通过履行社会责任反作用于企业，为其赢得良好的声誉和形象。

④公民。公民是指一个国家内享有权利和履行公民义务的民众。公民意识是一个国家的民众对社会和国家治理的参与意识。在灾害治理领域，公民具有双重身份，既可以是灾区的被救援对象，又可以是灾后恢复重建工作的重要辅助力量。公民可以分为灾区内公民和灾区外公民，主要包括国内外的志愿者、慈善家以及受灾区民众等个体和组织。在地震灾害救援中，灾区内公民及时采取紧急自救、互救和公助的措施，可以极大地降低生命财产的损失，有效控制突发事件的蔓延。灾区外的公民通过正规途径有序参与援助，如捐资捐款，加入街区守护者、民警辅助、医疗预备队等志愿服务项目，能够在灾害发生后迅速抵达灾区辅助应急救援工作。另外，社会公民也是监督政府以及其他多元组织参与应急救援工作的强大力量，有效保证灾害治理工作的顺利进行，提高应急救援效率。因此社会公众

既是基础的主体,又是重要的客体,既要做好自救工作,又有责任协助政府与其他主体共同参与地震救援。

2. 加强建筑结构的抗震设计

(1)建筑结构抗震设计的重点

①对抗震场地的选择。正确地选用对抗震有利的施工地点,应该避免对施工抗震不好的地方。在建筑物遭遇地震时,除了直接破坏建筑结构,地震还会造成周边场地地表错动和地裂。因为所选场地的土质不同,所以发生的地基沉降、滑坡程度也不同。选用抗震能力良好的场所,就显得尤为重要。一旦出现了特殊状况,无法避免土质不良的场地时,建筑设计师应采取相应的防震加固措施。常见的预防措施主要有采用桩筏基础、地面加固,或者加强对基础结构上部构件的处理。如果碰到地震中可能会产生地面滑动和地裂缝的地方,则应采取相应的地面稳定措施。

②建筑体系的合理选择。怎样科学合理地选用适当的建筑物空间结构体系是结构设计中应思考的一项重大问题。对结构设计方案的选定是否合理,应该从以下角度进行考虑。

一是结构总体布置。结构设计者在对自己的建筑物或在架构设计中要防止以下情形的发生,建筑结构在平面布置中的缺点会造成建筑物横向抗侧力较薄弱,变化大。建筑物结构布局中平面尺度过分狭窄,会导致建筑物中远离刚度中心的结构所受扭曲剪力影响较大。而建筑物结构布局中平面不规则、凹凸,严重时会造成建筑物阴角、阳角最先受到破坏。

二是抗侧力构件的问题。抗侧力构件是指在建筑物中承受水平作用力的结构,在框架结构中抗侧力构件就是框柱,而在剪力墙构件中的抗侧力构件就是剪力墙。在抗侧力结构的竖向布置中,一旦有问题就会产生如下的一些状况。抗侧力结构在竖向不连续时会造成建筑物的结构传力受挫,也容易在施工中产生薄弱层。抗侧应力构件在竖向变形时会造成建筑物构件的强度变动很严重,容易产生薄弱层,如建筑物上部负重大会导致建筑物构件的鞭端效应变化很大。

(2)抗震设计

①抗震概念设计。通过有意识地控制结构总体和分系统、分体与构件之间的承载力特性,使建筑构造各组成部分协调开展工作。进行设计的时候必须严格依照以下几点原则。

一是需要确保建筑平面整体简洁规范,防止出现明显凹凸。

二是竖向设计方面需时刻维持材料的宜刚性、强度之间的平衡,严禁出现结构刚度不协调等情况。

三是尽可能将刚度中心、负荷中心置于同一位置,这样做的目的是防止出现扭转。

四是严格依照标准进行结构设计,防止出现失误。

五是根据标准安设变形缝,变形缝的作用是防止复杂结构相互碰撞。

六是力求上部构造和基本的协调工作(防止不平衡下沉及地面的过分变化)。

七是尽量减少构造中心(可以减少地震效应的负面影响,增加构造自稳定力量)。

②提高建筑结构抗震能力的建议。建筑物构造的防震工程设计是由专家对大量建筑工程在震中诱发灾害的案例加以剖析,综合总结得出的实践经验。由于防震工程设计在建筑物的结构设计中是十分关键和必不可少的,所以必须引起高度重视。

3. 推进地震监测信息服务精准化

(1)依法加大对地震监测台网建设的投入力度

《中华人民共和国防震减灾法》第十八条规定:"全国地震监测台网由国家级地震监测台网,省级地震监测台网和市、县级地震监测台网组成,其建设资金和运行经费列入财政预算。"《内蒙古自治区防震减灾条例》第十三条规定:"自治区级的地震监测台网,由自治区人民政府地震工作主管部门管理,其建设投资和运行经费由自治区财政承担。盟市和旗县级地震监测台网,由盟行政公署、设区的市人民政府和旗县级人民政府地震工作主管部门或者机构管理,其建设投资和运行经费由盟市和旗县级财政承担,业务上受自治区地震工作主管部门指导。"第十四条规定:"大型水库、油田、矿山、化工厂以及特大桥梁、发射塔等重大建设工程,建设单位应当建设专用地震监测台网或者强震动监测设施以及地震紧急处置系统,并与建设项目同步进行,其建设资金和运行经费由建设单位承担。"由此可见,各级政府和重点项目建设单位均应分级负责地震监测台网的建设,并承担相应的建设和运维费用。各级政府和相关企事业单位应站在最大减轻地震灾害损失、切实保护人民生命和财产安全的角度,依法履职尽责,结合各地实际情况,加大投入力度,确保经济建设与防震减灾同步规划、同步发展。

(2)依托重大项目建设提高地震监测能力

加快实施国家地震烈度速报与预警工程子项目建设。在重点地区建成地震预警骨干台网，形成范围内的地震烈度速报能力和地震预警区域的地震预警能力；在县级行政区划单位建成地震烈度速报骨干台网，为公众提供逃生避险措施赢得时间，减少地震人员伤亡和生命财产损失；为各级政府地震应急管理部门应急指挥提供辅助决策和目标指南；为重点行业企业发布地震预警信息，防止重大事故的发生。

实施空间对地立体观测系统。以深井形变、钻孔应力、流体、电磁观测为重点，开展包括北斗、合成孔径雷达干涉测量（InSAR）、热红外遥感等多频空间对地观测系统建设，推进建设地震立体观测系统，探索地震监测新模式。

实施地震监测精细化、智能化工程。以标准化、网络化、智能化为重点，对监测台站进行优化改造，实现地震观测成场、成网，构建集约化、精细化、智能化业务平台，构建无人值守、有人看护、远程维护、多维产出的智能化监测运维模式，全面提升地震监测现代化水平。

推进防震减灾综合基地建设。依托科研院所、大专院校，借力专家团队，在监测能力薄弱的地区新建地震台。升级改造和整合现有监测资源，建成以测震、强震、电磁、形变、重力、流体等为观测手段，学科门类齐全，集监测、预报、科研、实验、应急处置、科普与培训为一体，可从事科学研究、技术研发、设备中试等工作，辐射带动自治区的防灾减灾基地。

实施"防震减灾基层基础能力提升项目"。全面提升防震减灾基层工作人员的政策理论、工作业务和知识水平。加强全区地震监测台网布局顶层规划，改建、整合或重建防震减灾工作部门的地震监测设施，提升基层地震观测和现场处置能力。

（3）强化地震信息化能力建设和科技创新

①实施地震信息综合发布平台建设工程。通过网络、电视、广播、短信、微博、微信等方式向社会公众提供地震预警、地震速报、烈度速报等地震信息综合服务，实现地震紧急信息的快速发布，为政府应急决策、公众逃生避险、地球科学研究等提供及时丰富的地震安全服务和数据。升级改造现有信息化基础设施，积极对接全国统一的地震云数据基础平台；以整合数据资源、提供地震数据融合与数据挖掘分析服务、提升数据管理能力为目标，构建地震数据中心；建立安全防护系统，完善数据交换与共享功能，提升防震减灾业务信息化水平和服务能力。

②参与国家地震科技创新工程实施。主动对接国家地震科技创新工程，如"透明地壳""解剖地震""韧性城乡""智慧服务"四项科学计划，落实行动计划，主动融入国家地震科技创新工程。推进科技计划、科研项目实施，组织科研人员积极参与国家、地区科技项目与课题。加强国家自然科学基金，科技发展计划、

星火计划等科研项目的申报和实施，推动地震科技创新和成果转化能力的提升。

③强化公共服务技术创新。发挥相关部门、科研院所、高校、企业等创新主体的技术优势，推动"互联网+"、大数据等在防震减灾公共服务领域的应用，建设防震减灾公共服务技术系统。开展重大科研和关键技术研发，提高科技水平和服务产品的科技含量。搭建地震科技支持平台，通过积极参与实施国家地震科技创新工程四大计划，建设有地区特点的地震科学实验场、部门联合实验室，创建高水平的地震科技创新平台，为公共服务产品升级和研发提供强大科技支撑。加强国际合作，推动与"一带一路"沿线国家的地震科技交流与合作，不断扩大公共服务覆盖面，提升国际影响力。

④重视高新技术应用。加快人工智能、虚拟现实、大数据和现代通信传播手段在公共服务当中的应用，研发方便快捷、通俗易懂、科技含量高的公共服务产品。加大科技成果转化力度，将深井、深钻、超密集台阵、激光雷达（LiDAR）、InSAR、主动源等地震科技创新最新成果尽快转化为公共服务产品。

（4）与水利、煤监、安监部门的安全监测系统"融合"并网

加强与自治区水利、煤监、安监部门的合作与交流，将地震监测台网与水利、煤监、安监部门的安全监测系统"融合"并网，确立示范监测水库和矿山，合力提升自治区防灾、减灾、救灾的能力。将水库地震监测和矿山监测任务纳入常态工作中，发布水库和矿山诱发地震观测报告、速报信息，编制大、中型水库诱发地震安全预警报告，编制矿山安全预警报告，制定和编制大、中型水库和矿山安全监测规范细则。积极参与地区经济建设的各个领域的工作，如水利设计、矿山建设、地质勘探等领域的跨领域合作，为建立地区重大灾害防治综合预警体系提供实效服务。

基于地区地震监测系统，通过与煤矿、水利、建筑、铁路等行业原有监测系统的"融合"并网，设定服务内容和产出产品，建成综合应急救灾系统，实现地震监测系统服务"重大灾害防治综合预警体系"的能力升级。根据矿山和水库等的地震安全、社会经济发展与应急管理需求，着力推进矿山地震监测技术发展、标准规范研制、服务产品设计，加强与具有防震减灾科研能力的大学、科研机构协同创新。

4. 建立地震灾害风险管理机制

（1）统一负责风险集合与分散的核心机构

首先，核心机构负责将区域内的地震风险集合起来，组成大型的风险池，有利于风险在更大范围内分散，在政府的协调下将地震风险统一集合到非营利性核

心机构大大降低了保险和再保险过程的成本。另外,核心机构还设有科学研究部门,因为这些机构实现了区域内风险的集合,就掌握了区域内的地震风险、损失和赔付的数据,就可以对区域内的地震风险进行统计建模,对保险和原保险产品的精确定价提供合理的参考意见,开发和应用先进的地震保险和再保险技术。

其次,因为地震风险的损失峰值巨大,将地震风险以合理的结构、低廉的价格分散到更广泛的区域是这些机构共同追求的目标。在具体操作上,这些核心机构会根据自身偿付能力自留部分保费和业务,持续扩展自己的资金池,确保偿付能力保持一定水平,剩余部分业务核心机构会通过再保险等各种渠道分散出去。因为政府的支持甚至无限兜底,核心机构有着极强的风险分散能力和偿付能力,另外,核心机构对域内地震风险进行统一的风险分散,在议价能力上明显优于单一的商业保险公司,有效降低了风险分散成本。

(2)分层次、多渠道的风险分散

政府应进行统一的分层次、多渠道的地震风险分散。其中分层次是指将地震保险损失根据一定的方法按照数额进行分层,多渠道是指根据每层损失的性质选择最合理的渠道将风险分散出去。建立分层次、多渠道的风险分散体系的优势主要有以下两点。

第一,有利于在更广的时间和空间范围内实现风险的匹配。地震风险具有低频、大损失的特点,如果只采取单一渠道进行地震风险分散,一旦发生地震,风险的分出方和接受方都会遇到较大的赔付压力甚至破产,严重影响地震风险管制体系的运行效率和效果。相对而言,将风险分层次、多渠道地分散,能够匹配到更多的地震风险承担者,实现在更广的空间范围内分散,而且根据损失分担工具的不同可以在更长的时间轴上实现地震风险的分散。

第二,有利于最大限度地发挥各方的风险承担能力。因为各种损失分担工具适用的损失数额不同,成本也不相同,很少有一种损失分担工具有能力覆盖所有的损失范围。根据国际经验通常保险和再保险适用于低风险层;风险证券化和政府拨款的成本高、体量大,通常适用于高风险层。例如,地震震级不大,只造成了小额损失,虽然使用财政补贴也能补偿地震损失,但是会造成效率低下、行政成本偏高等问题,不利于发挥政府部门最佳的风险承担能力。从原保险人的角度看,如果只采用单一层级的风险分担,虽然可能有实力雄厚的企业或机构可以完全接受风险的转移,但是这会导致垄断,原保险人的议价能力大大降低,所以地震风险分层能够引入更多的再保险人,形成一定的竞争,有利于降低损失分担的成本。

将地震风险分层，按照每层风险的性质寻找最合适的损失分担工具，既能有效降低损失分担的总成本，又能充分发挥每种损失分担工具的风险承担能力。

5. 提高涉震舆情引导和科普宣传能力

（1）健全涉震舆情处置工作机制

①扎实做好涉震舆情处置的基础工作。建立完善舆情处置预案，充分考虑特殊舆情事件的处置流程。研究舆情爆发、传播的过程及关键节点，深入分析舆情发生的原因及影响因素等，针对不同性质的涉震网络舆情危机，制定相应的应急预案。在实际处置涉震舆情的过程中，及时查找问题和不足，逐步修订、完善应急处置预案。完善防震减灾科普数据基础资料，以备不时之需。

②加强科普宣传，提高群众的谣言鉴别能力。开展舆情处置应急演练，提高应对能力。建立会商语言"翻译"模板机制，将专业术语翻译成群众耳熟能详的"普通话"。建立舆情监测和信息共享技术平台，为舆情应对和工作交流提供便利条件。

③完善舆情监测机制。相关部门应安排专门的舆情工作人员对网络进行实时监测，获取和搜集关注度较高的涉震舆情焦点信息，搜索、监测与地震有关的一些关键词组和短语，及时将网络负面信息反馈给相关部门，提前做好应对准备。

④健全专业人才培养机制。主动与地方网信部门联系，采取派人挂职、选调、帮助工作等方式，在工作中培养能力，积累经验，并能在出现涉震舆情时候增强与政府部门沟通协调的有效性；积极推荐工作人员到中国地震局舆情监控部门调研学习，学习舆情处置流程，积累实战经验。

⑤建设专业化舆情处置队伍。选拔既对防震减灾各项工作都较为熟悉，又熟悉互联网特点的人员担任负责人；要有2～3名熟练掌握网络语言和知识，熟知网民心理，有一定的防震减灾专业知识的人员担任骨干；建立一支涵盖防震减灾各专业的专家支撑团队，以便在需要时能够提供快速有效的专业知识支撑。由经过专业技术培训的工作人员组建成新闻中心，制定相关制度，当涉震舆情发生时，及时召开舆情处置新闻发布会，向社会公众发布相关的处置信息和应对过程。

（2）多种方式激发防震减灾科普宣传创新活力

地震局等部门要完善和拓展相关专业人才团队，积极吸纳新型媒介的操作、日常管理等工作方面的人才，这样既可以创新媒介模式开展互动，也可以让防震减灾科学文化普及传播具备持续性。通过日常管理工作中包括微博、微信公众号等对新型媒介的操作和创新、通过日常管理公众账号以及新媒体资讯的及时发布和与网民留言进行有效交流等，让公众在日常生活中建立防震减灾知识科学普及传播的良性交流。逐步健全防震减灾科普工作者测评标准、职务评聘、交流培养、荣誉激励等工作方面的管理措施，并制定具体的鼓励措施，以调动防震减灾科普工作团队创新活动的积极性。同时制定和实施引导技术人员积极参与防震减灾科学普及工作的有关政策措施，指导一线技术人员关注、接受并积极参与科学普及教育，使科学技术尽快转变为科普产业。

在新兴媒介时代，一大批传媒机构、网站、广告公司的建立，发掘了社会资源和市场潜力，充分调动了社会各界力量参与防震减灾的科普传播，同时充分发挥了企业在科技、专业人才、互联网传播等方面的资源优势，由地震部门提供知识储备和研究资助，形成了防震减灾科学文化普及传播的多元化支持体制。运用虚拟现实、混合现实等新兴科技，进一步丰富了科普创作的内涵与形式，组织防震减灾类科普作品创作、产品开发，并尝试将防震减灾类科普传播市场化运营。通过与公司联合开拓防震减灾类科普产品的制造思维，进一步发挥企业的创造活力，打造出贴近民众日常生活，集科学性、权威性、趣味性于一身的优质防震减灾类科普精品。

防震减灾有关部门要在宣传工作落实中，进一步探索防震减灾科学技术教育普及发展新模式，通过定期组织举办全国防震减灾科普作品创意竞赛，努力打造一大批题材新颖、层次分明、内涵科学合理、生动活泼风趣、满足不同对象需要的书籍、音频、文艺、动画、微视频等多样化的防震减灾科学技术教育普及作品，有效促进防震减灾科学普及产品和公众的需要衔接，进一步增强防震减灾教育科学普及影响力和效益。

（3）运用多种技术提升防震减灾科普宣传水平

数字科技、VR和5D科技的发展越来越成熟与完善，防震减灾科普范围已经由视觉方面延伸至听觉、触觉等多个感觉方面，而以往建设的防震减灾科学普及基地、场所等，在传播空间和受众的感受效果方面，均受到一定限制。可利用互联网建立数字化的科普馆，并对原来的科学普及培训基地、场所等实施互联网数字化技改，以促进数字科技、VR技术和5D科技等与抗震减灾的科普工作融合，给公众带来更为直观、生动、形象的防震减灾科学知识和趣味游戏、360°全景体验，以及高度仿真的地震科学普及感受。建立防震减灾科普咨询服务体系，不但能够扩大人们了解学习和掌握防震减灾科普知识的渠道，还能够有效地对错误的网络消息加以更正，从而减少了人们对防震减灾工作的理解误差。此外，还能够通过防震减灾科普咨询服务体系，对人们所关注的重大问题进行答疑解惑，从而有效抑制和平息有关地震的谣言，减少人民的恐慌，从而保持社会安定。

二、国内外地震灾害治理经验

（一）国内经验

1. 重庆永川模式

为提前预警自然灾害并有效提高灾害防范处置能力，早在2012年，重庆市便向下属39个区县推广"永川模式"，并将"永川模式"突发事件预警信息平台建设作为区县政府应急管理考核一票否决的指标之一。永川位于重庆市西南部，地质灾害类型主要是受短时强降雨引发的崩塌、滑坡和泥石流等。在危机管理过程中，永川区政府首创性地提出危机联动预警理念，即由区气象局牵头组织实施，包括农、林、水、国土等在内的20多个区级部门和各镇街组成的全区自然灾害预警预防工作体系，建立完善的预警网络平台，明确各部门、各镇街工作职责，制定了涵盖信息汇交共享、协同分析研判、预警发布应用、联动响应处置、灾情速报汇总等环节的制度、机制、标准和流程。

"永川模式"实现了危机管理理念的"三大转变"：由"单一的气象预警预报"向"综合防灾减灾"转变；由灾害的"被动型应对"向"主动型防范"转变；由"事后应急救援、恢复重建"向"事前监测预警管理"转变。

永川自然灾害应急联动预警体系实现了三大创新：一是理念创新，实现了从单一的气象预报服务到综合的自然灾害应急联动、从被动救灾到主动防范、从事后救灾到事前预警等三个转变；二是制度创新，有效整合了各方面独立的资源；三是技术创新，依托网络平台将突发事件的信息迅速收集、整合、反馈以及应用到联动预警体系的建立与完善中。

与此同时，永川区政府在摸索联动机制时，重视并积极引导社会力量的参与，并给予不同类型的政策性支持。一是建信息库，依托国家社会应急力量管理服务平台，建立社会应急力量数据库；二是建机制，健全以属地为主的社会应急力量调用机制，引导社会应急力量有序参与防灾减灾和应急处置工作；三是联合练，推动社会应急力量与综合应急救援队、专业救援队伍共训共练，定期组织社会应急力量参加联合训练和演练；四是定政策，定期开展社会应急力量能力分类分级测评，建立激励机制，按国家有关规定表彰或奖励做出重要贡献的社会应急力量，明确因应急救援导致伤亡的抚恤政策；五是作补偿，将社会应急力量参与防灾减灾和应急救援工作纳入政府购买服务范围。

2. 四川汶川模式

一是社会组织在"5·12"汶川地震救援中发挥出的巨大作用，受到了当地政府的高度重视。在随后的社会组织发展过程中，当地政府主动发挥职能优势，在应急管理信息化建设和支持社会组织发展方面给予了很多的帮助，在应急处置和救援救灾工作中给予社会救援队伍更多的政策支持和补助，为参与应急管理建设和服务的社会组织提供优质的生存条件和良性的竞争环境，提升社会组织参与应急管理的积极性。

二是通过掌握评估社会救援资源信息、建立应急志愿者信息平台和信息数据库、合理布局应急志愿者力量、加强应急救援志愿者队伍培训等措施，主动将社会力量吸纳为应急管理体系现代化建设的常规力量。

三是进一步完善细化应急管理体制和流程，优化应急管理多元共治机制，将应急管理主体逐级向下延伸，直至村镇，探索网格化应急管理的路径，形成多元主体基层嵌入式治理机制。推动资源整合、信息共享、平台共建，塑造良好的应急管理外部环境，提升应急管理水平。

（二）国外经验

1. 美国社区救援队模式

美国的社区救援队模式最早由洛杉矶市政府于1985年提出。社区救援队有严格的队员培训制度，队员需经过数十甚至上百小时关于医疗救护、搜索营救、心理咨询等多个专业领域培训并最终通过危机情景模拟演练后，才可以加入社区救援队。重大公共危机事件发生后，社区救援队致力于组织受灾群众及时开展自救与互救，降低伤亡，保护公众生命财产安全，快速解除危机并恢复社会秩序。

社区救援队不断发展完善，在各州县得到了广泛的推广，基层社会的危机应急管理能力不断提高。一是充足的扶持政策与优惠政策。基层政府非常重视社区救援队在公共危机管理中的合作伙伴地位，会经常性给予社区救援队资金支持以及经费预算，保障社区救援队有充足的经费开展相关活动。同时，考虑到参与救援的危险性，针对可能出现的各类意外事故，政府会为社区救援队员提供赔偿与补偿，为社区救援队的队员免除后顾之忧；二是不断提升的专业能力。警察、消防等部门会定期组织社区救援队进行专业技能、知识培训，并开展演练考核。

此外，社区救援队与当地警察、消防部门密切联系，共同使用各种类型的应急装备设备、培训场地，合作开展模拟演练，协同开展应急救援。社区救援队的专业救援能力得到不断的提升。在日常工作中，社区救援队还能够从社会中招募到大量的可以胜任组织内部绝大部分工作的志愿者，并向社会提供覆盖领域广泛的志愿服务，一定程度上可以满足多元化的应急救援服务。

2. 日本地震灾害治理模式

当今社会中各类突发事件频发，较之以往，当代的突发事件危害范围更广、破坏性更强、持续时间更长，对人们的生命安全和物质财产都是一个严峻的挑战。日本由于其特殊的地理位置和气候特点，在危机事件治理中积累了丰富的经验。我国政府应该根据中国国情对日本防灾减灾的治理经验加以借鉴，学习日本如何在发生灾害时动员全社会的力量参与灾害治理。

日本灾害治理模式属于制度化的协作模式，从日本社会组织参与灾害应急救援的实践经验来看，首先要有相应法律法规的支持，为社会组织参与灾害治理提供合法来源。其次，政府要重视与社会组织、企业的协调合作关系，明确参与主体在灾害治理中的责任义务分工。由于日本社会组织参与了不同层次、不同程度的突发事件灾害治理，社会组织的发展程度和成熟程度相对较高。在多数的应急救援队伍中，"西宫志愿者模式"是日本政府与社会组织建立的相互合作的新模式，这种模式被日本政府在全国推广使用，不断创新在突发事件治理中政府与社会组织合作的方式方法，带动国民自发组成防灾民众组织，使民众的全面防灾意识得到了空前的提高。同时日本还鼓励和支持志愿者参与帮助，专门成立了一个"志愿者协调中心"，对于志愿者参与灾害治理中的分配、协调问题做出了详细的规定。日本注重国民的防灾意识，因此我国可以尝试将防灾知识和技能纳入国民教育体系之中，从幼儿园抓起进行安全教育和应急培训。另外，政府还可以广泛开展应急宣传教育活动，更加注重向社会大众普及宣传抗震减灾知识，如定期向社会发放各类应急资料、举行全国性规模的应急演练等，训练全民应对灾害时极强的心理素质和应急状态，将财产损失和人员伤亡降到最低。

第三章 崩塌灾害分析与治理技术

崩塌是较陡斜坡上的岩土体在重力作用下突然脱离母体崩落、滚动、堆积在坡脚的地质现象，因其多发性、突发性、随机性的特点往往会造成严重的损失，因此对崩塌的研究非常有必要。本章分为崩塌灾害分析和崩塌灾害治理两部分。

第一节 崩塌灾害分析

一、崩塌灾害的定义

所谓"崩塌"，就是岩石从母岩上滚落，互相撞击，最终从山坡上滚落，并在坡脚处堆积。崩塌现象多发生在 40°～75° 的斜坡上，崩落面形态比较复杂，崩落体局部呈条状分布。崩塌的运动方式有两种，一种是坠落，另一种是崩落。

崩塌灾害的发生与岩体结构、风化、人类活动、地形地貌、地下水环境等密切相关。崩塌性地质灾害主要发生在沟谷、公路、河流等岩性较强、节理发育较陡的坡面，围绕着陡峭的斜坡，形成了岩石堆或抛石堆。

崩塌后形成条带状的陡峭峭壁或断崖，其中向阳坡的岩体颜色较淡，而背阴坡岩体的暗影较重。瓦解呈现一种颜色较淡的不规律的图像，通常是以一群或一条的形式出现的。

二、崩塌灾害的类型

（一）按崩塌规模划分

根据崩塌规模级别划分，可将区内崩塌划分为大型（10万$m^3 \leq V <$ 100万m^3）、中型（1万$m^3 \leq V <$ 10万m^3）、小型（$V <$ 1万m^3）三种类型。在我国很多发生崩塌的地区，规模主要以小型为主。以华蓥山地区为例，该地地处四川盆地东北部川东平行岭谷区，为一近北东向条带状山地。区内地质环境条件复杂，新构造运动较为活跃，在强烈隆升、下降和差异性剥蚀地质背景下，该区山势陡峭、

地形高低起伏；同时受华蓥山大断裂影响，区内断裂构造发育，沿着断裂带附近岩石挤压破碎。这在一定条件下为区内地质灾害的形成提供了有利的地质条件和丰富的固体物质基础。另外，人类工程经济活动强烈且集中，尤其修筑公路形成大量的人工边坡，露天矿山开采形成的高陡边坡以及地下煤矿开采形成的采空区，都直接或间接地导致了区内地质灾害的发生。正是如此复杂的地质环境条件和强烈的人类工程活动，使得华蓥山地区成为我国地质灾害多发区之一。

（二）按崩塌体的物质成分划分

按崩塌体的物质成分划分，崩塌可以分为两大类：一是产生在岩体中的，称为岩崩；二是产生在土体中的，称为土崩。

岩崩是指岩体沿着一个很小或者没有剪切位移发生的表面，从陡峭的斜坡岩体上剥离，然后沿着临空面通过自由下落、滚动、大角度碰撞等方式运动的一种地质灾害。岩崩通常发育于陡峭临空面，具有滑移、倾倒、坠落等失稳模式。

土崩是指降雨进入土体后，会使崩塌体的自重增加，同时，崩塌体的后缘会因为沉降和水的渗入，造成崩塌体与基岩结合部位的剪切强度下降，从而造成崩塌。

三、崩塌灾害的成因

（一）内在成因

1. 地形地貌

崩塌的产生与其所处的地形和地貌状况密切相关，并以坡面的坡度为特征。就地区地形而言，崩塌多发生在山区和高原地带；从当地的地貌特征来看，塌方多发生在高、陡峭的边坡上。以黄土为例，黄土地层在风力、水力、重力和人为作用下发生面状侵蚀、沟蚀、潜蚀、泥流、块体运动等现象，形成了"千沟万壑"的地形地貌，主要有沟间地貌、沟谷地貌和潜蚀形成的"假喀斯特"地貌三大类型。由于黄土高原区黄土覆盖厚度较大，河谷侵蚀切割严重且地形破碎，黄土梁卯地形发育十分广泛，因此斜坡地表形态对于黄土崩塌的孕育发生有着重要的影响。

2. 地层岩性

边坡内部地层岩性特征与崩塌的发生具有很紧密的联系，岩性的不同会导致岩体在相同的内外力作用下有不同的变形和力学响应。岩质边坡的岩层产状为近水平，且多为巨厚或厚状硬岩层夹薄软岩层（软岩层厚度在研究区为 0.5 m 至 1.5 m 不等）。

边坡内部地层岩性的差异化直接影响近水平岩层高陡边坡的稳定性,在近水平岩层边坡中,软岩和硬岩风化程度的差异性主导崩塌发生的频率。泥质页岩被风化后容易呈鳞片状剥落。砂岩和泥质页岩互层在差异风化作用中易形成岩腔,下部的软岩被剥蚀掏空,让上部的硬岩悬挑凸出,在其支点处易形成张应力,拉张裂隙逐渐发育,最终导致危岩体失稳,从而产生崩塌。

3. 边坡岩体结构面组合

地层间的结构面为原始构造面中的沉积结构面,结构面呈近似水平分布。在结构面的形成过程中,如果在结构面的两端并未产生显著的变形,那么就可以将其统称为节理或裂缝。如果出现了显著的移位,就是所谓的断层。

边坡裂隙发育,岩石在临空面被分割为隔离块,在风化和人为等因素的影响下,隔离块的稳定性逐步下降,最终导致局部坍塌,乃至大面积崩塌。

二次结构面是由后期风化等外部力量作用而产生的。风化裂缝分布较广,主要分布于坡面,随着坡面深度的增加,其对坡面的破坏作用逐渐减弱,并以网状分布为主。

(二)外在成因

1. 降雨和地下水

降雨对于边坡崩塌起着诱导的作用,特别是在强降雨的情况下,崩塌的发生更加频繁。雨水降临到边坡表面后,一部分随着地表形成坡面细流(有时也会冲刷坡面),携带着细小的风化岩屑和黏土矿物,沿着坡面向下,堆积在坡脚或坡中,形成坡积物。其实相对来说,雨水对土崩的影响比对岩崩的影响更大。因此,这里主要以黄土崩塌为例,解释说明降雨和地下水对崩塌产生的影响。

降水对黄土崩塌具有最为显著的促进作用,包括降雨和降雪等,在天然状态下,黄土中水的含量较少,在土的微结构中起到了胶结连接的作用,有利于保持土的结构性强度,从而保证了黄土边坡的稳定性。

在降水的作用下,随着土中含水量的逐渐增多,土颗粒之间的间隙也会增加,水对土的联结力逐渐减弱,土体的强度越来越低,对边坡的稳定性是十分不利的,而且雨水通过地表径流渗入垂直节理,形成贯通的通道,导致更多的雨水沿着通道渗入边坡内部,最终形成裂缝。水进入边坡内部后不仅会产生静水压力,增加边坡土体的自重,降低黄土的内摩擦角和黏聚力,迫使边坡的内部结构发生破坏,而且降水沿着裂隙大量灌入,还会软化边坡内部的岩性接触面,对边坡内部造成的冲刷、侵蚀等破坏作用愈发严重，使边坡土体朝着临空面不断滑移，一旦在某一时刻重心发生偏移，就会使黄土边坡发生崩塌失稳。

在西北地区，由于常年比较干燥，降水量并不多于东南地区，所以在正常情况下，黄土体还能维持充足的结构性强度。但是，西北地区的降水通常集中在每年的7到10月，因此，在短时间内，出现强降雨的频率会比较高，甚至会出现特大暴雨。因此，在不考虑人为因素的情况下，大多数边坡失稳发生的崩塌地质灾害，都会在雨水或春季冻融期间发生，并且，边坡失稳一般都会晚于降雨发生的时间，这是因为边坡土体遇水饱和不是立刻发生的。如果在雨期偏长或者雨量过大的情况下，黄土边坡发生崩塌失稳的概率还是相对较大的，这说明黄土崩塌的发生时间与降水发生时间具有一定的同步性。

另一部分雨水渗透到地下，在自重作用下于坚硬岩体的贯通性裂隙中流动或停留，形成静水压力和动水压力。到达软弱岩体与硬岩的层面缝隙中，润滑软弱面，降低岩体的抗剪强度，使其强度降低至不能承受上部岩体的自重应力时，上部较硬岩体发生倾斜或蠕动直至其重心滑移出支撑点以外，崩塌落石的现象就会发生。地下水的补给主要来自大气降水，如前面所述，降水主要集中于7到10月份。泥岩在水的作用下会发生膨胀与崩解（泥岩的耐崩解性差），大量泥岩崩解后会导致上部砂岩悬空，砂岩的稳定性逐渐变差，直至发生突然性的崩塌。

黄土地区地下水的存在形式主要有四类，分别为地下水存在于黄土的裂隙和孔隙以及基岩的裂隙和孔隙中、黄土裂隙和孔隙中的上层滞水构成的地下水结构、地下水仅存在于基岩的裂隙和孔隙中、黄土中无地下水存在。

地下水的存在形式为前两种的黄土地区，发生黄土崩塌的可能性更大，特别是在黄土和基岩中都含有地下水的时候，因为这种类型的地下水结构，地下水位比较高，所以会造成黄土和基岩接触面软化，从而使土岩接触面的稳定性变得很差。长期下去，黄土边坡将会沿着土岩接触面向临空面滑动，从而对黄土边坡的稳定性造成了很大的影响。另外黄土裂隙和孔隙中的上层滞水也会破坏黄土边坡的稳定性，导致崩塌的发生。

2. 风化作用

风化作用包括很多外力的作用，例如，昼夜温差的大小、光照的充足与欠缺、气候的干燥与湿润等。在这些外力的反复作用下，岩体中的裂隙不断张开，结构面不断延伸，到达某一时间点时，结构面将会出现贯通，岩体被孤立，危岩体就会产生并发育成熟。

风化作用也会使软岩逐渐崩解剥蚀，形成凹腔。例如，在近水平岩层中，泥页岩在风化作用下逐渐松散剥落，向边坡内部收缩，而上下层的砂岩抗风化能力较强，就形成了软岩收缩后的岩腔。

3. 地震

地震对崩塌的影响虽不如降雨的影响广泛、频繁，但由地震引起的崩塌造成的后果是十分严重的。地震崩塌与断裂构造和地震烈度有着十分密切的关系，断层通过的山坡上，岩层比较破碎，是累积和释放地应力的主要地方，所以崩塌多集中在这些区域。

崩塌的发生与地震力的大小也有着重要的关系，大地震往往会触发陡峭岩石、边坡崩塌等灾害的产生，这是由于岩石的接触面会因为地震产生移动，产生岩石坠落的现象，造成崩塌。在地震力的作用下，节理会得到进一步的扩展和加深，产生地裂缝，如果这些裂缝出现在边坡，则会发生边坡失稳现象，严重的会形成灾害，发生伤亡性崩塌，对人们的生命财产安全构成威胁。

4. 植被

植被的覆盖率是影响边坡稳定性的一个因素，在植物的根劈作用下岩体中的裂隙进一步发育，使结构面贯通的速度加快。植物的根系也可使软岩更加破碎，加剧软岩的风化程度，加快软岩进一步被剥蚀的速度。植被对边坡的影响有利有弊，对于土质边坡，植物的根系可以固定坡面土的位置，起到边坡护面的作用；对于岩质边坡，植物根系会加剧岩体裂隙的扩展。所以植被的影响在不同地质的边坡所起的作用是不同的，不能一概而论。

植物引发崩塌灾害按岩土体类型分为残坡积土层崩塌和岩石崩塌。其中常见的残坡积土层崩塌为坡积土层崩塌，在斜坡面植物发育、坡积层厚度大于 2 m、斜坡坡度大于 45°的情况下，常易受植物的地质作用而引发崩塌地质灾害，植物引发崩塌的规模一般在数十立方米至数百立方米。其主要原因为坡积层形成时间短，颗粒间黏结差，内部结构松散，处于斜坡环境，易受植物的外力作用影响而引发崩塌。常见的引发崩塌的植物是竹木林，特别是当遇强降雨与台风气象时，山区村庄房前屋后的人工高陡斜坡面上的竹木林，常引发房毁人亡、后果严重的地质灾害。

岩石崩塌常见于区域构造带及其影响带与挤压破碎带及其影响带内，崩塌规模一般为数立方米至数百立方米。

5. 人为

人为因素对崩塌的影响主要体现在两个方面，分别是勘测设计不合理和施工时处理不当。

在人们进行工程建设时，尤其在进行公路、铁路建设时，不可避免地会出现很多边坡工程，这些边坡工程破坏了自然边坡的形态和应力结构等，使边坡出现应力重分布，在这个过程中，边坡发生崩塌的可能性较大，所以在进行边坡工程时，应该对边坡的安全性实时做出准确的判断，直到边坡达到新的平衡状态。

另外，耕地灌溉和排水系统对边坡也有很大的影响，在边坡附近进行的耕地灌溉，加速了水渗入边坡内部的速度，使土、石受到水流的侵蚀更加严重，加重了崩塌的发生。

除了公路、铁路建设，人们常见的工程活动还包括切坡建房、开挖窑洞等，在切坡建房时，切坡过程也就是给边坡进行卸荷的过程，这一工程活动会使边坡出现卸荷裂隙，降雨时雨水将沿着卸荷裂隙流入边坡内部，使边坡自重增加，当坡顶的拉应力和坡脚的压应力达到极限值时，就会发生崩塌，如果遇到坡度较陡的边坡，无疑是更加危险的。在我国陕北、山西、甘肃等地仍有不少人居住在窑洞中，开挖窑洞时，应该对窑洞的几何断面进行合理的设计，否则就会出现塌窑等崩塌灾害。

除了以上几个方面，人们在坡顶建房时，若离坡顶边缘过近，会造成坡体自重增加，再加上生活用水对边坡的渗透作用，在边坡稳定性受到破坏时，将会造成非常严重的后果；火车或汽车的振动会使崩塌体发生震陷，对铁路或公路两边边坡的稳定性造成影响；另外，采矿、采石、过度垦殖、修建工厂等也是人类工程经济活动对崩塌造成影响的一些形式。

四、崩塌灾害阶段分析

崩塌的发生是一个循序渐进的过程，其中间可以分为很多细致的阶段。本书认为大致可以分为四个阶段，详细表述如下。

（一）崩塌孕育阶段

岩石的沉积形式有多种，其中在平静的水面中沉积后的颗粒，经固结成岩作用后就会形成稳定的岩层，产状近水平。

节理也称裂隙，岩质边坡内部的节理大多为构造节理，并且构造节理成组出现的概率是比较大的。

构造节理和原生节理的产生决定了岩体的不完整性，在高陡边坡上岩体的节理发育将硬岩体切割成一个个独立的岩石块，为后来的崩塌发生做了准备。

（二）崩塌发展阶段

岩体由于节理的存在，让之前稳定的岩体变成了危岩体，为后来成为崩塌体奠定了基础。在外力作用如降水、冻融循环（冰劈作用）、地震等的影响下，节理裂隙越来越大。

在软硬互层的边坡中，软岩的风化崩解作用使其表面剥落形成凹形的岩腔，位于上部的硬岩体也渐渐地失去支撑，崩塌发生的概率越来越大。

（三）崩塌发生阶段

当外界的作用对边坡的影响越来越显著时，泥岩进一步风化剥落。当危岩体的重心移出支撑点以外时，危岩体由于失稳脱离母岩，在坡面上进行滚动、跳动、滑动等，最终停留在坡面、坡脚或离开边坡到达路面，影响车辆通行和交通安全。

根据能量守恒原理，在不考虑空气阻力、摩擦阻力的假定条件下，在相同落点位置的情况下，位于临空面的具有较高势能的危岩体能够获得比具有较低势能危岩体更高的动能，能够运动得更快、更远。

（四）崩塌堆积阶段

大部分学者只将崩塌分为三个阶段，却忽略了崩塌破坏后堆积体对边坡的影响。其实，在崩塌灾害未发生之前的岩体被称为危岩体，在发生过程中又被称为崩塌体，崩塌结束后堆积的岩块又叫作落石。

本质上，危岩体、崩塌体、落石都属于崩塌灾害里不同阶段对同一岩体的叫法。

五、崩塌灾害产生的危害

虽然在我国发生的崩塌规模一般较小，但危害程度却不亚于滑坡。崩塌的危害性主要有以下三方面。

砸——崩塌体脱离母岩最后落于地面砸坏建筑物。

撞——崩塌块体在陡坡上快速滚动、碰撞，撞击建筑物，使其损坏。

埋——大型崩塌从坡体上翻滚而下，压埋坡脚建筑物。

河（沟）谷地带崩塌物堆积于河（沟）道还会形成堰塞湖，对上、下游村庄、厂房、农田等造成损失，甚至改变河道。

许多崩塌发生在水电工程附近，它们毁坏水渠管道，破坏大坝、水电站、变电站以及其他设施。崩塌体落入水库中常造成水库淤积，有时甚至激起库水翻越大坝冲向下游，造成人员伤亡和损失，有些崩塌还可能造成水库报废。

据不完全统计，我国铁路沿线分布的大中型滑坡点有1 000多处，崩塌点数更多，致使铁路部门每年花费大量资金用以整治滑坡、崩塌地质灾害隐患点。例如，成昆铁路铁西滑坡的治理费用就高达2 300万元。滑坡、崩塌对铁路的危害主要表现为：摧毁铁路线、中断行车、危害站场、砸坏站房，毁坏铁路桥梁及其他设施，错断隧道、造成车翻人亡的行车事故等。

第二节 崩塌灾害治理

一、崩塌灾害治理工程

（一）主动防护网

主动防护网是由布鲁克公司研发设计的边坡防护系统，它是以钢丝绳网为主的柔性网覆盖在需要保护的斜坡或者岩石上，可以有效降低工程对环境的影响。其防护原理是限制坡面岩石土体的风化剥落从而实现对坡体的加固，主动网较适合大块岩体边坡的防风化和防崩塌处理。

根据主动防护网的用途对其进行分类，可将其分为对边坡产生加固作用的防护网与对边坡上的危岩产生围护作用的主动网。前者主要通过加固长锚杆对坡面主动提供锚固力，后者产生的锚固作用主要表现在岩体滑落后挤压防护网。

将生态混凝土护坡技术及传统边坡加固措施相结合，形成一种绿色主动网锚喷生态混凝土边坡防护技术。其主要构成为加固锚杆、金属网（主动防护网、镀锌钢丝网）、生态混凝土，植物生长后也能起到加固边坡的作用，构成边坡主动生态防护系统。

首先，利用锚杆加固边坡，进一步提升边坡整体稳定性，为边坡整体安全性提供保障；其次，采用主动防护网对边坡浅表层进行加固，防止施工期间及植被生长发育完成之前边坡发生滚落石、岩土体崩塌或局部崩塌灾害发生，同时能够起到稳固生态混凝土的作用；最后，喷射生态混凝土，喷射以后可以快速封闭坡面，防止坡面进一步风化恶化。

生态混凝土可以完全隐蔽主动防护网，防止主动网发生锈蚀，大大延长了主动网的使用寿命，同时起到阻止雨水下渗侵蚀边坡的作用；植物生长后，利用植物降雨截留、减少雨水下渗、缓释冲击等作用防护边坡浅表层，并利用根系加固坡面岩土体，使其与主动式锚网及生态混凝土连接形成一个整体，协调受力，更好地增强边坡浅表层稳定。

（二）锚喷支护结构

锚杆是一种由金属或其他抗拉性能的材料组成的杆状结构。将锚杆放置在隧道工程的围岩或其他工程体中，通过机械装置和黏合介质，成为支护结构的一部分来承受载荷，防止围岩变形。

钢支架最主要的特点是承载能力强，常常用于围岩地质较差的隧道中，与锚杆、喷混凝土等一起使用组成支护结构。隧道开挖完成之初喷混凝土，分单元及时安装钢架，采用与定位锚杆、径向锚杆以及双侧锁脚锚管固定，纵向采用钢筋连接，钢架之间铺挂钢筋网，然后复喷混凝土到设计厚度。

（三）喷射混凝土

喷射混凝土是指通过压力喷枪将掺有速凝剂的粗细骨料喷射至开挖面，作为隧道的初期支护，防止围岩风化或掉落。在喷射过程中，喷射机械具有高速度的喷射冲击，使得混凝土被连续捣固和压实，隧道岩壁表面形成了具有紧密结构、良好物理力学性能的混凝土。

在喷射混凝土施工过程中，最重要的作业是混凝土喷射作业，在进行喷射作业前，要准备好喷射材料以及场地布置，混凝土制备拌和、运输、上料、喷射等工序要紧密配合，需要熟练喷射机械的操作人员进行喷射作业。控制混凝土的喷射回弹率及质量。同时，在喷射作业中，要注意四类问题：风压、喷嘴与被喷岩面之间的角度和距离，一次喷射的厚度及各喷层的间隔时间，喷射分区与喷射顺序。

（四）耐酸混凝土

各种酸性物质会腐蚀混凝土，影响其结构稳定性和耐久性，耐酸混凝土是诸多应对措施中的一种。以往的研究成果中，耐酸混凝土主要分为水玻璃耐酸混凝土、树脂类耐酸混凝土、沥青耐酸混凝土、硫黄耐酸混凝土和高铝水泥耐酸混凝土等。

1. 质量要求

浇筑好的耐酸混凝土的表面密实，无气孔、脱皮、起砂或者固化现象，不得有蜂窝、麻面和裂缝等，要用 2 m 的直尺检查平整度，空隙不大于 4 mm。

2. 安全技术

耐酸混凝土的施工人员应该穿工作服，戴口罩、护目镜等，注意防毒。酸化处理时，应穿戴防酸防护用具，如防酸手套、防酸靴子、防酸裙子等。随时准备一些碱性溶液以便中和时使用。稀释浓度大的硫酸等酸性溶液时，严禁将水倒入硫酸等酸性溶液中，而要将浓硫酸等酸性溶液徐徐地倒入水中。

二、崩塌灾害治理的相关对策

（一）早期识别

崩塌灾害具有隐患点多、面广、隐蔽性强、突发性强等特点，因此，需要在根源上断绝崩塌的发生。运用高分辨率多光谱遥感影像、无人机航空摄影测量、机载 LiDAR 等技术开展高精度遥感调查，获取高清地表形变数据和崩塌隐患信息，结合高精度地面地质调查和风险普查，建立适用于本地区的隐蔽性崩塌隐患早期识别技术方法体系。

（二）工程技术治理

对崩塌隐患点采用工程技术进行综合治理。对于雨雪天气中才有少量落石的公路与游步道两侧边坡可采用削坡、清理浮石、护坡、挂设主动防护网等方式，在危岩体突出或陡峻地段可设立挡土墙等工程；另外注重排水工作，在危岩崩塌区修好截排水沟等地面排水系统，起到上堵下泄作用，防止雨水对边坡渗入软化，加剧崩塌发生。

第四章　滑坡灾害分析与治理技术

滑坡是地质灾害中分布最广、危害最严重的一类。为了正确地识别各类不同规模和性质的滑坡，有针对性地预防和治理滑坡灾害，有必要对滑坡灾害进行相应的分析。本章分为滑坡灾害分析和滑坡灾害治理两部分。

第一节　滑坡灾害分析

一、滑坡灾害的定义

滑坡一般是指在一定自然条件下形成的斜坡。滑坡体一般发育在 20°～40°的斜坡上，呈条状展开分布。由于地下水活动、植被破坏、人工挖坡、河流冲刷或地震等因素的影响，部分岩体或土体沿某一软面或软区受到重力变形，其特征是整体、缓慢、间断和水平位移。

由于中国地质结构的复杂性以及环境气候的多变性，每年都有较大规模的地质灾害事件出现，这无疑给社会经济生产造成了巨大的损失，也时时刻刻危及中国人民群众的生命财产安全。

在所有的地质灾害中，滑坡由于发生频率较高，成为人们日常生活中普遍发生的灾害。在我国自然资源部地质灾害技术指导中心公开的年度报告中，我国在2020年共计发现了 7 840 起地质灾害事件，其中包括 4 810 起滑坡灾害，达到了我国地质灾害总数的六成以上。由于导致滑坡发生的原因很多，山体滑坡没有"安全期"，只要山体的环境条件存在易发生滑坡的特征，就意味着存在随时都可能爆发的成灾风险。

总的来说，滑坡是一种由自然因素或人为因素引起的地质灾害现象。当滑坡发生在与人类活动相关的地区，对人类的生命财产、生存环境造成破坏和损失时，滑坡才成为一种地质灾害。

二、滑坡灾害的组成要素

滑坡体——滑坡的整个滑动部分，简称滑体。

剪出口——滑坡体最前端滑坡面出露地表的部位。

滑坡壁——滑体后缘与未滑山体分离后暴露在外面的壁状分界面。

滑面——滑坡体沿下伏不动的岩土体下滑的分界面。

滑床——滑体滑动时所依附的下伏不动的岩土体。

滑动带——平行滑动面受揉皱及剪切的破碎地带，简称滑带。

滑舌——滑坡前缘形如舌状的凸出部分。

滑坡周界——滑坡体和周围不动的岩土体在平面上的分界线。

滑坡洼地——滑动时滑体与滑壁间拉开形成的沟槽或中间低四周高的洼地。

滑坡鼓丘——滑坡体前缘因受挤压而鼓起的小丘。

滑坡裂缝——滑坡活动时在滑体及其边缘所产生的一系列裂缝。其中，位于滑坡体上（后）部多呈弧形展布者，称为拉张裂缝；位于滑体中部两侧、滑动体与不滑动体分界处者，称为剪切裂缝；剪切裂缝两侧又常伴有羽毛状排列的裂缝，称为羽状裂缝；滑坡体前部因滑动受阻而隆起形成的张裂缝者，称为鼓胀裂缝；位于滑坡体中前部，尤其在滑舌部位呈放射状展布者，称为扇状裂缝。

滑坡泉——滑坡改变了原有坡体的水文地质结构，在滑体内或滑体周缘形成新的地下水集中排泄点，称为滑坡泉。

滑坡台阶——由于滑体上下各部分滑动速度的差异或滑动时间的先后不同，在滑体表面形成的略向后倾的阶状错台。错台上树木常因滑体滑动而倾斜、弯曲，形成"醉汉林""马刀树"。

三、滑坡灾害的类型

对滑坡进行分类，就是要对其所处的地质环境、地貌特点以及构成的各项要素进行综合分析与归纳，以反映出各类滑坡的地质特征及其发展的规律，从而对滑坡进行有效的预测或者是对发生过的山体滑坡进行有效的治理。但是，因为自然地质条件及影响因素的复杂性，每一种滑坡的分类目标和要求都不一样，所以可以从不同的角度进行划分。

（一）根据滑坡规模分类

根据滑坡规模级别划分标准，可将滑坡划分为大型、中型、小型三种。

大型（100 万 $m^3 \leqslant V < 1\,000$ 万 m^3）。

中型（10 万 $m^3 \leq V <$ 100 万 m^3）。

小型（$V <$ 10 万 m^3）。

（二）根据滑坡的滑动速度分类

根据滑动速度，滑坡可划分为蠕动式滑坡、慢速滑坡、中速滑坡、高速滑坡。蠕动式滑坡是指人用眼睛很难观察到的一种滑坡体，只有用设备才能观察到。慢速滑坡是指一天只有几厘米到几十厘米的滑移，这种滑移可以用肉眼直接看到。

中速滑坡为一小时移动几十厘米到几米的滑坡体。

高速滑坡是指每秒滑动数米至数十米的滑坡。

（三）根据滑坡体的物质组成、滑坡与地质构造的关系分类

根据滑坡体的物质组成、滑坡与地质构造的关系，可划分为覆盖型滑坡、基岩型滑坡和特殊型滑坡三类。

覆盖型滑坡主要分为黏性土质滑坡、黄土质滑坡、碎石质滑坡和风化壳类滑坡。

基岩型滑坡根据其与地层构造之间的联系，可以划分为均质滑坡、顺层滑坡和切层滑坡。

特殊型滑坡包括融冰滑坡和塌陷滑坡等。

四、滑坡灾害的成因

近代的滑坡灾害，既受自然因素的影响，例如，河流下切、侧蚀冲刷、强降雨、地震等；也有因人们对滑坡灾害认识不足，以及不合理的工程经济活动引起的，例如，坡脚开挖、坡上加载、矿区采空塌陷、灌溉水和生产生活用水渗入坡体、水库浸淹，以及不科学的施工等。

综合考虑滑坡区地形地貌、工程地质水文条件、滑坡空间形态、滑坡规模、人类活动的扰动、气象气候等因素，判断该滑坡破坏模式为多道前缘剪出口、多道后缘裂缝、沿顺倾向结构面的滑动。由于边坡土体松动、坡体裂缝张开，地表雨水更易下渗并软化滑带土，使其力学强度大大降低，滑面可能会向深部发展，边坡极易整体滑动。以下从自然环境和人为因素两个方面对滑坡成因进行分析。

（一）自然环境

滑坡灾害发生主要有两种原因，其中一种就是自然环境因素。自然环境因素包括两种。

1. 地质条件

产生滑坡灾害的地质大多是岩土体，岩土体存在孔隙，会给水营造运动的压力，让水将岩石侵蚀和软化，也能够降低土体的强度，从而导致岩土体的容重强度增大。长此以往，岩土体的结构就会越来越松散，其抗拒狂风和剪切破坏的能力就会越来越小，进而在其软弱面产生严重的滑坡，形成滑坡灾害。

总的来说，山区不良的地质条件是形成滑坡灾害的本质原因。通过对易发生滑坡的山体进行观察研究发现，所产生滑坡的岩石体通常容易破碎，并且岩石的分层与路线方向大概是一致的，这样一来，受到地下水和雨水对缝隙侵蚀的影响，就容易产生滑坡。

2. 降水条件

一旦一个地区经常降雨，或者是突降大暴雨，就会导致雨水流入软弱层，促使斜坡发生滑落，进而对国家经济和人身安全造成影响。遇到暴雨时，大量地表水下渗，地下水位急剧升高，不仅软化了滑动面岩土体，而且增加了滑体静水和动水压力。

受到气候气温的影响，其中，大气降水占主要原因。通常情况下，大气降水会在此过程中通过岩石层的间隙而渗透到岩石内部，经过流水对岩石长时间的侵蚀，导致滑坡体质量增加，最终形成常见的滑坡灾害。

（二）人为因素

滑坡灾害发生的另一个主要原因就是人为因素。这是因为人们在进行经济建设的时候，一味地追求经济发展，忽略了盲目发展对大自然造成的伤害，在建设的时候违背了生态环境的发展规律。

人们在平坡的地方建设建筑，大肆砍伐树木，不计后果地挖山取矿，导致岩土体没有树木根系的保护，也出现了结构稳定性被破坏的情况，原来的底层架构越发不稳定，给滑坡灾害创造了条件。

一方面，人们在大力建设过程中将一些山体下部或者中部的支撑给挖掘了，让山体在没有支撑的情况下产生了下滑的问题。

另一方面，人们大肆地挖掘和建设，产生的振动让山体受到影响，营造了更多滑动的空间。还有一方面就是人们肆意砍伐树木，土壤表面吸水量少，大量水渗透到岩土层，致使山体出现滑坡的情况。

第二节 滑坡灾害治理

一、滑坡灾害治理潜在影响因子

滑坡治理首先需要对待治理滑坡的成因有所了解，滑坡产生的条件、作用因素等都是在滑坡治理前需要重点研究的内容。只有研究清楚滑坡发生的条件才能有针对性地制定相对应的治理措施，如此方能保证滑坡治理达到最好的效果。下面简单介绍对滑坡治理部分有潜在影响的因子。

（一）地质环境条件

1. 地质构造与地震

地质构造是影响滑坡发育的重要原因之一，其中褶皱、断层等是重要的研究特征。岩层在形成初期普遍是沿着水平方向的。岩层在构造运动影响下，由于受力而产生弯曲，一个弯曲称为褶曲，若形成的是多个波状的弯曲变形，则称为褶皱。

断层是指在地壳受力后产生断裂，两侧岩石沿着断裂面发生相对位移的构造现象。断层有很多不同的规模，有些断层沿着断裂面长达上千米，一般由许多断层组成，又被叫作断裂带。

褶皱与滑坡的关系较为密切，受褶皱带的影响岩层会形成向斜或者背斜这两种岩层特征，在向斜或背斜中，岩层经过揉皱、挤压，其完整性非常容易被破坏，在经过风化、地表水下渗等侵蚀后，岩体的结构遭受到极大的破坏，黏结力降低甚至丢失，抗剪强度下降，岩体力学强度变弱，在某种因素作用下容易发生滑坡灾害。

2. 工程地质条件

以岩土体建造为基础，岩体可以分为松散岩和碎屑岩两类；按照岩体结构以及力学强度可以将岩体分成三类，分别为软弱层状泥岩岩组、半坚硬层状砂泥岩互层岩组以及坚硬层状砂岩岩组。工程地质岩组划分及特征如表 4-1 所示。

表 4-1 工程地质岩组划分及特征

岩土体类型		工程地质特征
岩类	岩组	
松散岩类	黏性土、砾质土	黏性土呈软塑状态，中低压缩性，力学强度较低。砾质土内摩擦角较大，压缩性小，力学强度较高

续表

岩土体类型		工程地质特征
岩类	岩组	
碎屑岩类	软弱层状泥页岩岩组	以泥页岩为主,夹着少量的砂岩、泥质砂岩,差异风化作用强烈,易风化,力学强度低,构成的斜坡容易发生滑坡
	半坚硬层状砂泥岩互层岩组	岩石软硬相间,差异风化强烈,工程地质性质不均,力学强度差异较大,构成的斜坡较易发生滑坡
	坚硬层块状砂岩岩组	以厚层块状的砂岩、砾岩为主,夹粉砂岩、泥页岩及煤层,力学强度较高,构成的斜坡容易形成危岩

3.人类工程活动

人类工程活动、地震、暴雨为滑坡三大诱因,其中人类工程活动的影响是可以通过加强监管来避免的。不合理的人类工程活动会对斜坡结构的稳定性产生不利影响,从而引起滑坡的发生。

(二)滑坡区的交通和气象条件

1.交通

交通条件对于滑坡治理工程起到了极大的影响。在进行滑坡治理时,需要运输建设材料或者运走开挖出来的泥土,运输距离的不同会极大地影响到滑坡治理的运输成本,分析运输距离对于我们研究滑坡的治理总成本有极大的帮助。

2.气象

气象特征方面以降雨量为代表进行介绍,因为降雨常常是滑坡发生的一种普遍诱因,因此,在进行滑坡治理的时候也需要重点考虑滑坡区域降雨量的信息。为了及时地把滑坡体表面上的降雨积水排空,防止雨水持续下渗到滑坡内部,导致滑动面滑动从而发生二次滑坡,排水、截水工程是常用的治理措施。

(三)灾害体基本特征

在地质调查中,致灾物质的基本特性是地质调查的主要内容。在高程部分,主要记录了前缘高程、后缘高程和高差。有关的研究表明,高度因子对滑坡体的破坏具有显著的影响。滑坡所在的斜坡越高,坡内应力值越大,发生崩塌或者滑坡的概率较大。滑坡的规模、纵向长度、平均宽度、面积、厚度等均为勘查队重点调查的数据，因为这部分数据不仅可以对滑坡造成的威胁程度进行度量，还可以为滑坡治理提供最有效的参考信息。

基于滑坡力学分析及破坏模式，一般将滑坡分为牵引式、推移式、复合式等。对滑坡进行力学分析是滑坡治理的重点。岩层产状主要包括倾向、倾角等特征，往往是高程岩体结构分析中比较重要的研究内容。研究数据显示，岩层倾角在 10°～20° 的滑坡数量较多。滑坡裂缝指滑坡在滑动时在滑体上及其边缘拉伸导致的一系列裂缝。这些裂缝如果不及时处理，随着水体渗入坡体内部，将会导致滑坡的发生。

（四）稳定性现状及趋势

滑坡稳定性分析是滑坡治理工程实施前的首要工作，在进行滑坡治理工程研究的时候，需要对滑坡的稳定性进行分析研究。传统的滑坡稳定性评价是根据滑动面类型和物质组成选用恰当的数学分析方法与数值模拟方法来进行多组实验，进而获得该滑坡的稳定性分析评价结果。

（五）环境保护

在进行滑坡治理时，要结合环保要求来制定符合滑坡治理项目要求的设计方案，应尽量减少对环境的破坏，采取岩土工程措施与植被保护措施相结合的方法。

（六）危害对象

根据滑坡治理的国家最新标准，滑坡治理工程的重要性等级可以根据滑坡灾害可能危害的人数和设施等因素划分，如表 4-2 所示。在研究滑坡治理工程时，对滑坡的危害对象进行研究分析十分有必要。

表 4-2　滑坡治理工程等级与危害对象划分表

滑坡治理工程等级	危害对象	
	危害人数/人	危害设施的重要性
特级	≥ 5 000	非常重要
Ⅰ级	≥ 500 且 < 5 000	重要
Ⅱ级	≥ 100 且 < 500	较重要
Ⅲ级	< 100	一般

二、滑坡地质灾害的勘查方法

一般来说,在滑坡水文地质条件中,地下水的发育比较成熟,尤其是浅层地下层。相对于浅层的地下水,深层的地下水的面积比较小。根据这些分布状况,可以对地下水在水文地质中的分布和流动进行细致的分析,得到准确的结果。根据浅层潮湿带检测出大量水文的分布,说明浅层潮湿带是地下水的主要来源。所以从这个角度来说,水文地质中所有地下水的流向都是滑坡体的中部和下部,并且比较固定。在这种状况下勘查人员就可以对整个滑坡地质内部的状况进行详细的了解,对滑坡工程的防滑设计以及排水设计提供科学、合理的参考,保证后期整个滑坡防滑加固工程的顺利展开。

(一)高密度电法

高密度电法是对传统电阻率探测技术上的升级,在使用过程中需要使用较多的电极,并且通过电极之间的自由组合来获得地电信息,实现多区域、全覆盖的工程地质勘察,其优点主要有以下几点。

①在电极布设过程中可一次性完成,具有较强的抗干扰能力,减少了测量误差。

②在排列方式上可以进行自由组合,具备多种电极排列方式,从而能够获得较为丰富的地电结构信息。

③采用了自动化数据采集与收集技术,全过程无须人员操作,采集数据快,避免了由人为因素所造成的误差与干扰。

④对于所获取的资料信息可实现现场处理或脱机处理,具备较强的灵活性。例如,在复杂岩溶地区采用传统钻探方法无法精准了解地下岩溶分布情况,而使用高密度电法勘探可有效解决上述问题,并且该技术在地下水文探测、道路病害探查、土壤覆盖层厚度等方面都有着广泛的应用。

(二)浅层地震映像法

滑坡现象出现以后,在救援时,有可能会发生二次滑坡情况,从而影响救援工作的顺利实施,同时更是威胁到了救援人员的生命安全。于是,通过浅层地震映像法就能很好地解决这个问题,通过人工在滑坡阶段实施地震波,并且有效分析地震波作用下的传导规律,及其所反馈的波形信息,能够精准地解剖滑坡地层的组成构造,同时借助返回的大数据信息,能够确定出滑坡区域内是否还会发生二次滑坡。更关键的是,利用这个方法可以更加精确地获取滑坡区域的地貌信息，帮助人们解析出滑坡的成因，对于滑坡的预防以及救助等工作都有着重要的意义。

（三）瑞雷波法

瑞雷波法勘查技术的快速发展与实践运用，为滑坡地质灾害勘查提供了更为丰富的技术手段，使传统勘查技术在一定条件下难以完成的滑坡地质灾害勘查目标任务，更具实现的可能性。

该勘察方法可通过质点运动规律特点与瑞雷波传播方向形成质点振动轨迹变化曲线，并且根据勘察探测强度的不同，变化曲线所包含的信息也同样存在一定差异。当波长相同时，瑞雷波的传播特性体现出同一深度水平方向上的地质情况，反之，则体现出不同深度的不同地质状况。

三、滑坡灾害治理的常用工程

常见的滑坡治理工程措施主要包括抗滑工程、锚杆（索）工程、排水工程、护坡工程以及其他治理工程。其中抗滑工程包括抗滑桩工程、抗滑挡墙工程，其中抗滑挡墙又分为重力式抗滑挡墙和桩板式抗滑挡墙。

抗滑工程和排水工程是主要的治理手段，一般治理都重点在这两个工程上进行深入分析，对比优化设计。其余工程类别具有因地制宜的辅助性作用，如果运用得好也能起到较好的效果。下面重点对部分重要治理措施进行介绍。

（一）抗滑工程

1.抗滑桩工程

（1）抗滑桩工程的原理

抗滑桩是通过开挖浇筑钢筋混凝土在滑坡中形成的构件（桩体），具备抗滑、抗变形等功能。抗滑桩十分常用，主要因为其施工简便，布置灵活，施工对滑坡稳定性的影响较小。

抗滑桩一般布置于滑坡体厚度比较薄、推力较小，地基的强度较高的地段上。抗滑桩施工主要是指在边坡底层中挖孔、钻孔后，将型钢、钢筋放入其中，再用混凝土浇灌形成就地灌注桩。施工后混凝土中的水泥砂浆会直接渗透到周围一定范围内的土层中，进而提升土层的整体强度。同时，由于孔壁一般比较粗糙，能够将桩和地层紧密地结合在一起，这时桩就能够调动超过桩宽范围较大部分地层的抗力，与桩共同抗滑。

此外，抗滑桩施工后，桩和桩之间能够形成土拱效应，与桩可以共同承担两桩之间滑坡推力，这种力传递到桩上后，会沿着桩传递到滑面以下稳定地层中，起到加固边坡的作用。

（2）抗滑桩工程的特点

在实际的施工过程中，抗滑桩的工程特点主要有以下几类。

①抗滑桩位置的设置相对灵活，施工人员可以就其单独设置，也能根据其他建筑物的位置来互相配合使用，从而选择最佳的抗滑桩设置点。

②在滑动带比较深且滑动推力较大的情况下，抗滑桩相对抗滑挡土墙能够承载更大的荷载，抗滑桩的抗滑能力比较强。

③抗滑桩的桩孔开挖过程中，相关施工人员还可以对地质情况再一次进行核查，以保障地质情况符合施工条件，如果出现设计方案以外的情况，可以随时根据现场的实际情况更改施工顺序，进行动态的施工管理。

④为了在施工过程中实时掌握对滑坡的处理情况，控制滑坡状态，施工过程中主要采用间隔开挖桩孔的措施。

⑤采用混凝土护壁是抗滑桩开挖过程中常用的措施，这样更能保障施工安全，并且所使用到的设备较为简单易操作。

⑥抗滑桩与打入桩或者管形桩相比，更为便捷，可以根据承受荷载需要的钢筋来设置不同的数量的钢筋。

2. 抗滑挡墙工程

抗滑挡墙一般设在滑坡的前缘，充分利用滑坡抗滑段的抗力，以其重力与滑床地基的摩擦力平衡滑坡推力。其基础必须放在滑动带以下的稳定地层中才能发挥抗滑作用。土质地基埋深 $1.5 \sim 2.0$ m，岩质地基埋深 1.0 m，其高度以滑坡不会从墙顶滑出为原则，要做"越顶"检算，不能随意决定。

为增加抗滑挡墙的抗倾覆稳定性，将坡缓至 $1:0.5$ 至 $1:1$，墙后要设盲沟排水，最好与支撑盲沟相结合。早期用抗滑挡墙较多，但因其基础开挖常造成滑坡失稳，施工时必须分段跳槽开挖，及时恢复支挡，从滑坡两侧推力小的段落先施工，逐步向中部推进。值得一提的是，在抗滑桩开发应用后，抗滑挡墙已很少应用。

（1）重力式抗滑挡墙

重力式抗滑挡墙是以挡墙自身的重力来保持其在土石等压力作用下的稳定。它是我国常用的一种挡土墙。重力式抗滑挡墙的建筑材料可用普通的石砌和混凝土，普遍都砌筑成简易的梯形。重力式抗滑挡墙宜与排水、减载、护坡等其他防治工程配合使用。

（2）桩板式抗滑挡墙

桩板式抗滑挡墙是指钢筋混凝土桩和挡土板组成的轻型挡土墙。在埋在地下的桩柱之间加上挡板来对土体进行阻挡。适用于侧压力较大的加固地段或者开挖土石方可能危及相邻建筑物或环境安全的边坡等情况。

3. 普通抗滑桩工程

1967年，铁路部门在成昆铁路建设中研究成功挖孔抗滑桩后，已在滑坡治理中被广泛应用。国外因机械化程度高和人工费用高，多采用机械钻孔桩，我国则多用人工挖孔桩。抗滑桩以埋入滑带以下的锚固段的抗力平衡滑坡推力，抗力大，设桩位置灵活，施工对滑坡稳定扰动小，施工较方便，被喻为治理滑坡的"重型武器"。抗滑桩的截面多为矩形，抗弯刚度大。抗滑桩的锚固段长度由计算确定，一般在土质地层中为桩长的二分之一，在岩体中为桩长的五分之二。

桩的间距，在黏性土滑坡和黄土滑坡中以4～5 m为宜，堆积层滑坡和破碎岩石滑坡中为6 m，完整岩体滑坡可用7 m，目的是桩间能形成压力拱，滑体不从桩间挤出。桩的长边应平行滑坡滑动方向。

桩的截面，用得最多的是2 m×3 m和1.8 m×2.4 m的。如果大型滑坡推力大，则用2.4 m×3.6 m和3 m×4 m的。桩长以30 m左右较易施工，最长的达64 m。

抗滑桩有全埋式桩、悬臂式桩、埋入式桩和组合桩等。当滑坡推力较大时，也可用多排桩或多桩组合，桩顶用梁或承台联结。

当用多排桩时，让各排桩阻挡其以上的滑坡推力，受力明确，不考虑桩排间力的传递。当滑体较厚时，可用埋入式桩，只要保证滑坡不从桩顶滑出即可，这种做法可减短桩长，节约投资。

近年来，随着我国施工机械化水平的提高和人工费用的增加以及工期的要求，挖孔桩改钻孔桩的呼声渐高，这应该是发展方向，但钻孔桩的抗弯刚度较同样截面的矩形桩小很多，因此需多桩组合使用。

4. 微型桩群工程

微型桩，又称树根桩，是直径小于30 cm的桩，最早用于地基加固，提高地基承载力。后用于边坡和中小型滑坡治理，主要是增大滑带的抗剪阻力。用在边坡上，用钢管和钢筋代替锚索，叫钢锚管。用在滑坡上叫微型桩。

由于微型桩群工程在地面机械化施工，施工速度快，安全，所以在抢险工作中被广泛应用。例如，在山西一砂泥岩顺层滑坡滑动影响抗滑桩坑开挖的情况下，采用三排直径 150 mm、间距 1.2 m 的微型桩排减小了滑坡移动，后增加了 4 排微型桩取代了原设的挖孔抗滑桩。

微型桩可以是钢管桩或钢筋桩，也可以是钢管和钢筋的组合桩，根据需要而定。其直径 150～300 mm，锚入滑带以下长不少于 5m，桩间距在岩石中 1.2～1.5 m，在土质滑坡中为 0.8～1.0 m，梅花形布置，孔中灌注混凝土或水泥砂浆，从孔底灌浆以排出泥水。

为增加桩群的抗弯能力，在桩顶应设承台或框架，必要时还可在承台上加设锚索。

5. 抗滑键工程

抗滑键是在较完整的岩石滑坡的滑带上、下设一定长度的短桩，主要是为了增大滑带的抗剪强度。

桩长在滑面上、下各 3～5 m。但对于土质滑坡和破碎岩石滑坡来说，因滑体强度低，易冒顶，因此不适用。若加大桩长则变成埋入式桩，应按埋入式桩设计。

滑带土的注浆、爆破、焙烧等改变滑带土性质的方法，理论上可行，但实际操作和效果检验较困难，因此应用极少。

（二）锚杆（索）工程

锚杆（索）使用了钢绞线将锚固力引导到滑坡下那些用来稳定滑床的杆形组件上。当滑坡面较陡且为土质滑坡，预应力锚索应与抗滑桩、格构锚固等组合使用。

1. 锚杆（索）的结构

锚杆是一种将拉力传至稳定岩层或土层的结构体系，主要由锚头、自由段和锚固段组成。

①锚头：锚杆外端用于锚固或锁定锚杆拉力的部件，由垫墩、垫板、锚具、保护帽和外端锚筋组成。

②锚固段：锚杆远端将拉力传递给稳定地层的部分，即通过注浆而将锚杆（索）与周围岩土体黏结在一起的部分。

③自由段：将锚头拉力传至锚固段的中间区段。

④锚杆配件：为了保证锚杆受力合理、施工方便而设置的部件，例如，定位支架、导向帽、架线环、束线环、注浆塞等。

2. 锚杆（索）的分类

锚杆的分类方法较多，通常可以按锚固地层、是否预先施加应力以及锚固段灌浆体受力情况、锚固体形态等因素进行分类。

①按锚固段地层情况可分为岩石锚杆（索）和土层锚杆（索）两种。其中，岩石锚杆是指内锚段锚固于各类岩层中的锚杆，而自由段可以位于岩层或土层中；土层锚杆是指锚固于各类土层中的锚杆。

②根据预加或不预加应力的不同，可将其划分为预应力锚杆（索）与无预应力锚杆（索）两类。所谓无预应力，就是在锚的作用下，没有受到任何外力的作用，只有一种"无预应力"的情况；预应力是指在锚固过程中，通过施加一些外部作用力，将其固定在一个有源载荷的位置上。

在非预应力锚杆中，一般使用Ⅱ、Ⅲ级螺纹钢筋，锚头比较简单，比如在肋板式锚杆挡墙、锚板护坡等结构中，通常都会使用到非预应力锚杆，锚头最简单的方法就是把锚筋做成直角弯钩，然后把它倒入面板或肋梁中。预应力锚索在锚固中的作用，是典型的预应力锚杆（索），预应力锚杆的设计与施工比非预应力锚杆复杂，其锚筋一般采用精轧螺纹钢筋或钢绞线。

③根据锚固段灌浆体受力的不同，主要分为拉力型、压力型、荷载分散型（拉力分散型与压力分散型）等。

拉力型锚杆为传统型锚杆（索），杆体受拉时，杆体与锚固段灌浆体产生剪切作用而使灌浆体受拉，其特点是浆体易开裂、防腐性能差，但易于施工。

压力型锚杆的杆体采用全长自由的无黏结预应力钢绞线或高强钢筋，锚杆底端设有承载体与杆体连接，杆体受拉时拉力直接由杆体传至底端的承载体，承载体对注浆体施加压应力，锚固段灌浆体处于受压状态，其特点是浆体不易开裂、防腐性能好、承载力高，可用于永久性工程。

荷载分散型锚杆（索）可分为拉力分散型锚杆（索）和压力分散型锚杆（索）两种。分散型锚杆（索）为在锚孔内有多个独立单元锚杆（索）所组成的复合锚固体系，每个单元锚杆（索）由独立的自由段和锚固段组成，能使锚杆（索）所承担的荷载分散于各单元锚杆（索）的锚固段上。

④按锚固体形态可分为圆柱形锚杆、端部扩大型锚杆（索）和连续球型锚杆（索）。

其中，圆柱形锚杆是国内外早期开发的一种锚杆形式，这种锚杆可以预先施加预应力而成为预应力锚杆，也可以是非预应力锚杆；锚杆的承载力主要依靠锚固体与周围岩土介质间的黏结摩阻强度提供，这种锚杆适用于各类岩石和较坚硬的土层，一般不在软弱黏土层中应用，因软黏土中的黏结摩阻强度较低，往往很难满足设计抗拔力的要求。

端部扩大头型锚杆是为了提高锚杆的承载力而在锚固段最底端设置扩大头的锚杆，锚杆的承载力由锚固体与土体间的摩阻强度和扩大头处的端承强度共同提供，因此在相同的锚固长度和锚固地层条件下端部扩大头型锚杆的承载力远比圆柱形锚杆大；这种锚杆较适用于黏土等软弱土层以及比邻地界限制土锚长度不宜过长的土层和一般圆柱形锚杆无法满足要求的情况；端部扩大头型锚杆可采用爆破或叶片切削方法进行施工。

连续球型锚杆是利用设于自由段与锚固段交界处的密封袋和带许多环圈的套管（可以进行高压灌浆，其压力足以破坏具有一定强度的灌浆体），对锚固段进行二次或多次灌浆处理，使锚固段形成一连串球状体，从而提高锚固体与周围土体之间的锚固强度的锚杆；这种锚杆一般适用于淤泥、淤泥质黏土等极软土层或对锚固力有较高要求的土层锚杆。

3. 锚索抗滑桩工程

抗滑桩虽广为应用，但这种受弯构件悬臂越长、弯矩越大、截面越大、配筋越多、造价也越高，不够经济。锚索技术引入后，1986年中铁西北科学研究院（原铁道部科学研究院西北研究所）首先研究在桩头加预应力锚索，减小桩身弯矩、截面和埋深，并取得了成功。统计显示锚索桩比普通悬臂桩可省30%造价，因而被广泛应用。

锚索还控制了桩头变位，对变位要求严格的滑坡与边坡加固更有优势。锚索承担桩上滑坡推力的20%～25%，能有效减小桥身弯矩。例如，滑坡推力为1 000 kN/m，6 m间距的桩排，每桥承担6 000 kN的推力，那么锚索应承担1 200～1 500 kN的力，根据地层的锚固条件，需加2束锚索，滑坡推力更大时，需加3～4束锚索，所以，桩上加1束锚索未能发挥锚索应有的作用。锚索成败的关键在于滑床地层能提供多大的锚固力和施工质量，因此，锚索应先作拉拔试验。

桩头设多束锚索时，为防止发生"群锚效应"，锚索上、下、左、右都应分开，在锚固段的距离应不小于2.5～3.0 m，压力分散型锚索解决了锚固段的拉力集中问题。由于滑坡推力是按最不利工况计算的，施工时不一定是最不利工况，所以锚索预应力只加到设计拉力的80%～85%，不使其处于高应力状态，减少应力腐蚀。

4. 锚索框架

近年来在高边坡加固和中小型滑坡治理中广泛使用锚索框架。其使用条件是锚索必须有锚固地层，能提供足够的锚固力。松散的土层和堆积层中基本不能应用，主要用在岩石边坡和滑坡。锚索间距 3～4 m，防止发生"群锚效应"。

锚索的长度包括锚固段、自由段和锁固段，其中，锚固段必须设在滑动带或潜在滑动带以下的稳定地层中，长度 8～10 m。自由段为张拉用，长度不应小于 5 m。锁固段为张拉、锁定和补张拉用，长度不小于 1.5 m。

预应力锚索是边坡预加固中一种很好的工程措施，但在使用中也发生了一些问题。例如，设计的拉力不足，锚索被拉断；锚索长度不够，锚固段长度不足被拔出或整体位移；锚固段灌浆质量不好被拔出；还有框架尺寸不足、配筋不够被破坏，框架下松软土锚索张拉时被压缩造成预应力损失以及煤系地层中锚索防腐不足锚索被腐蚀等。这些在设计和施工中都应避免。

（三）排水工程

排水工程是指在滑坡体中或外围砌筑的截水和引水沟渠、井、孔、硐室等地面和地下构筑物，具有排到滑坡体地表积水或降低地下水位以提高滑坡整体稳定性的功能。

排水工程设计需根据滑坡防治总体方案，结合地形地貌、地质条件、水文大气等状况进行，可采用在地面上进行排水、地下排水和混合使用的做法。

常见的地表排水工程为截排水，地表排水工程设计标准应满足工程等级所确定的降雨强度重现期标准。截排水适用于地表水和地下水丰富而且附近居民对地表水和地下水的需求不大的情况。设置截排水的时候需要注意避免影响居民和农田正常用水。

在矿山工程建设过程中，综合考虑水质所带来的潜在安全事故和风险，避免造成矿山工程地质灾害问题。

在防治因地下水所引发的地质灾害时，可利用挖掘断面、设置排水沟、夯实表土等方式，这样不仅能够有效避免及控制滑坡外水流量，还能合理地转化大气降水，将其转化为径流排放，最大限度地降低了矿山工程出现滑坡等灾害的概率。

在矿山滑坡前缘设置一些排水设施，可以有效收集矿山滑坡体中的地下水，进而起到减小地下水压力和滑体重量的作用，同时还能增强矿山的抗滑能力，加强滑坡体的稳固性。

排水工程是一项综合性的工作，要消除各种水源对滑坡体稳定性的影响，提高滑坡稳定安全系数，保护滑坡区域建筑物免遭破坏，应做好以下几项工作。

第一，认真设计、精心施工、及时维护，三者密不可分。任何工程，设计是前提，施工是关键，维护是补充。只有做到认真设计、精心施工、及时维护，才能建立和保持完善的排水系统保证滑坡体外的水流不会进入滑坡体内，也才能保证滑坡体内的地表水和地下水随时排除，以提高滑坡体的稳定性。

第二，充分调查，合理布置，综合治理。进行地面排水设施和地下排水设施设计时，应进行全面、详细的调查研究，查明地表水和地下水的分布状况和大小，分析水对滑坡的影响程度，做到地面排水设施和地下排水设施相互配合、相互协调，同时做到排水工程与其他处治工程相互配合，以最大可能排除影响滑坡的各种水源。

第三，因地制宜，经济实用。设计时，应结合地形、地质和水文情况，因地制宜，合理设计。尽量选择有利的地形和地质的区域设置排水工程，既可起到排除滑坡堤范围内的地下水和地表水的作用，又可对滑坡体起到加固和保护作用。同时，设计时要注意就地取材，以降低工程造价。

1. 地表排水工程

地表排水主要是减少水对滑坡的影响，截断滑坡以上山坡流入滑坡的地表水，排出滑坡体内的降水及泉水、湿地水等。截水沟设在滑坡周界 5 m 以外的稳定地层上，其断面大小由汇水流量计算确定。滑体内的排水沟应利用已有的冲沟，在其两侧间距 30 至 50 m 布设支沟，覆盖整个滑坡，排出降水和积水。地表排水工程设计过程中需要注意以下原则和要求。

第一，高度重视排水工作。随时加强对滑坡区域内水的监测，修筑排水工程，以消除水的危害。

第二，排水工作与其他工作配合进行。在排水工程中，"排""挡""减"往往是相互联系、密不可分的。结果表明，将这些措施结合在一起，是一种较为经济、合理、安全可靠的治理滑坡体的措施。尤其是对一些较大规模的滑坡，更是必须采用上述措施进行综合治理，以达到根治的目的。

所有的山体滑坡治理，都是以防止积水为第一要务。地面排水的基本原理包括：对滑坡体外的地面水，要采取截流、引流的措施；应重视滑坡地表水的渗透，并尽可能早地将其收集和排出。在进行地表排水工程设计时，应详细进行现场踏勘，充分收集设计资料，因地制宜，合理布置排水工程，选择合适的断面及结构形式，达到既有效排除地表水，又降低工程造价的目的。

第三，填平坑洼，夯实裂缝。

第四，合理地选择截水沟的平面布置。截水沟是一种以截留地表水为目的的工程，其设计原则是将地表水从滑面上截留下来。可按要求布设多条截水沟，实现对地面水的分段截留。截水沟与边沟、排水沟、桥涵等连接，实现了对地面水的有效和全面控制，并将其快速地从滑坡区域引导出来。在设计上，排水沟的平面布局应该尽可能笔直，并且与排水量的流向相垂直。如果在山坡上有一些洼地或者是小沟，那么就应该把这些洼地给填满，或者在它的外面做成一个挡墙，而在它的里面则要紧密地连接在水沟里面，这样就可以防止水沟里面的面冲出来或者渗透到截水沟里面，从而造成截水沟的破坏。

第五，滑坡体内排水系统的布置。在滑坡体范围内排水系统的布置以汇集和引离水为原则。滑坡体内的地表排水系统应结合地形条件，充分利用自然沟谷作为主沟，汇集并旁引坡面水流于滑坡体外排出。排水沟的布置应与滑坡一致，以减少变形。支沟通常与滑动方向成30°～45°角斜交，按人字形或树枝形布置。排水沟布置应避免距滑坡裂缝太近，以免排水沟开裂破坏。必须经过滑坡裂缝区时可用临时性的折叠式木槽沟或混凝土板和砂胶沥青柔性混凝土预制块板排水沟，并且容许有一定的伸缩性，以防止山坡变形而拉断排水沟，造成坡面水集中下渗。这种排水沟既防冲、防渗、经久耐用，又便于施工和养护。采用浆砌片石、混凝土修筑的排水沟，应每隔4～6 m设一沉降缝，并用沥青麻筋仔细塞实，表面勾缝，随时发现断裂，随时修补。

在滑坡路段土中水丰富的时候，应该在浆砌的排水沟上侧增设一个泄水孔，在泄水孔的后面设置一个反滤层，在有需要的时候，还应在水沟的底部设置一个石磋或卵石垫层。纵坡度不宜过大，因为在斜坡下方的平缓拐弯处，极易出现问题。在南部地区，大雨时，由于排水沟渠内的急水流会在拐弯处将水溢出到沟渠内，经常造成边坡崩塌。因此，平面转折处的曲线半径至少为5～10 m，外侧沟壁应加高，其加高的数值应根据流速和曲线半径来计算。在地表水流速大于每秒钟3 m，同时砖、石的供应比较方便的时候，可以采用砖砌排水沟或是浆砌片石截水沟。排水沟的断面要根据汇水面积最大的降雨量来验算，沟底的宽度一般不应小于0.40 m，深度不应小于0.60 m。在干燥少雨地区或岩石路堑中，深度可减至0.40 m；在多雨地区，汇水面积大，同时有集中水流进入该地段，其水沟断面应进行水力计算后确定，并应采取防冲或防渗的加固措施。

在滑坡体区域修筑的地表水排水设施主要有截水沟，排水沟，截水沟与排水沟组成的树杈状、网状排水系统等。这些设施的修筑基本上是在滑坡体坡面外或坡面内进行的。由于其尺度一般较小,且土石方开挖量较小,其施工较为简单。施工时关键步骤要细致,各个施工程序应到位。

(1) 截水沟的施工要求

截水沟常用的横断面形式有梯形、矩形和三角形等几种,应用最多的还是梯形和矩形。截水沟一般设在滑坡体外适当的地方,用以拦截上方来水,防止滑坡体外的水流入滑坡体内。截水沟施工应注意以下事项。

①当山坡覆盖土层较薄,又不稳定时,截水沟的沟底应设置在基岩上,以拦截覆盖土层与基岩面间的地下水,同时保证截水沟的自身稳定和安全。

②在截水沟沟壁最低边缘开挖深度不能满足断面设计要求时,可在沟壁较低一侧培筑土埂。土埂顶宽为 $1\sim 2$ m,背水面坡度采用 1∶1.5 至 1∶1,迎水面坡则按设计水流流速、漫水高度所确定类型加强。如土埂基底横向坡度陡于 15°时,应沿地面挖成台阶,台阶宽度应符合设计要求,一般不小于 1.0 m。

③截水沟的出口处应与其他排水设施平顺衔接,同时要注意防渗处理,必要时可设跌水或急流槽,避免排水在山坡上任意自流,造成对滑坡脚稳定土体的冲刷,影响滑坡体的稳定性。

④截水沟应结合地形、地质合理布置,要求线形顺直舒畅,在转弯处应以平滑曲线连接,尽量与大多数地面水流方向垂直,以提高截水效果和缩短截水沟长度。若因为地形限制导致截水沟需绕行,使得工程量巨大,附近又无出水口,此时截水沟可分段考虑,中部以急流槽衔接。

⑤截水沟应与侧沟、排水沟、桥涵沟通,达到沟涵相连,以便有效、全面地控制地表水,使之迅速流出滑坡范围之外。

⑥在设置截水沟时,要尽量避开与崩塌裂隙的距离,以免造成裂隙的破坏。如果一定要通过山崩的裂隙区域,可以使用临时的折叠木沟渠,也可以使用水泥面板与砂胶石沥青混合料的预制构件,允许有一些伸长,以避免坡面的扭曲和拉扯。这种截水沟抗冲、抗渗、耐用,而且易于建造和维护。

⑦采用浆砌片石、混凝土修筑截水沟时,每隔 $4\sim 6$ m 应设一沉降缝,缝内用沥青麻筋仔细塞实,表面勾缝,随时发现断裂,随时修补。当滑坡地段上中部水丰盈时,则浆砌的截水沟上侧应增设泄水孔,泄水孔背后设反滤层,必要时还应在水沟底设石礅或卵石垫层。

⑧在砂黏土、黏砂土或黄土质砂黏土的路堑边坡上,流速不大于 2.5 m/s 时,可采用 1∶3 石灰砂浆抹面,厚度为 $3\sim 5$ cm,表层再用 1∶3 水泥砂浆抹面,厚度为 3 cm,或用 1∶1∶5(石灰∶黏土∶炉渣)三合土,或用 1∶3∶6∶9

（水泥∶石灰∶河沙∶炉渣）四合土捶面作防渗层。在岩层破碎、节理发育的坡面上修建截水沟时，为减少造价，可以在沟壁、沟底采用1∶3水泥砂浆抹面或采用1∶3∶6或1∶3∶6∶9配合比的三合土或四合土捶面、勾缝等方法处理，以减少雨水沿岩层裂隙渗透。

⑨施工过程中要注意施工质量，沟底、沟壁要求平整密实，不滞水，不渗水，必要时要予以加固，防止渗漏和冲刷。

（2）排水沟的施工要求

排水沟的主要作用在于引排截水沟的汇水和滑坡体附近及其滑坡体内低洼处积水或出露泉水等水流。排水沟平面线形应力求简洁尽量采用直线，必须转弯时，可做成圆弧形，其半径不宜小于$10 \sim 20$ m。

在滑坡体内修筑排水沟时，应有防止渗水的措施，例如，采用浆砌片石、混凝土板或沥青板铺砌，用砂胶沥青堵塞砌缝等，以避免沟内水渗入滑坡体内。利用地表凹形部位设置排水时，每隔$20 \sim 30$ m应设置一个连结箅，特别是在地基松软的情况下，有时还要用桩来固定。

对于土质松软的坡面，可就地夯成沟形，上铺黏性土或石灰三合土加固。在排水沟通过裂缝处，可采用搭叠式木质水槽、混凝土槽或钢筋混凝土槽，以防山坡变形而拉断水沟，使坡面水集中下渗。排水沟的末端应设置端墙，并将水排到滑坡体以外的渠河或河道等处。排水沟的施工要求与截水沟的施工要求相似，其施工质量应符合相关工程质量检验评定标准。

2. 地下排水工程

地下排水工程的作用是降低滑体内地下水位，减小滑带土的孔隙水压力，提高其抗剪强度，增加滑坡的稳定性，减少支挡工程量。

许多大型复杂滑坡采取地下排水与支挡工程相结合的方法成功治理，效果良好，例如，20世纪50年代修建宝成铁路时还没有抗滑桩，就用截水洞和抗滑挡墙稳定了多个大滑坡，沿用至今。又比如，稳定张家坪大滑坡时，采用截水洞和仰斜孔排水后，将反算的滑带土内摩擦角提高到1.5°，滑坡推力减小$2\,000$ kN/m，省了一排抗滑桩。再例如，向家坡滑坡原来做了4排桩但无排水，通车后又变形，不得不封闭交通。在做了截水洞和仰斜孔排水后，一排抗滑桩稳定了滑坡。所以，在地下水发育的滑坡治理中应首先采用地下排水工程。

地下排水系统是对地下水进行截流、排流或排出的一种重要形式。在此基础上，提出了利用地下水来排空滑坡体中的水分，以增强滑坡体的稳定性的观点。

在地下排水系统中，有截流、渗沟、集排水暗沟、明沟、平孔排水及排水管道等。这种设施通常都在地下，所以土石方的开采量比较大，而且在施工中也比较困难，有些情况下，还得请专业的施工人员来确保施工的质量。在工程建设过程中，也会对滑坡体的稳定造成影响。所以，在进行施工的时候，必须有周密详细的施工方案，并且要有正确合理的施工次序，这样才能在不影响边坡稳定的情况下确保施工的质量。

（1）明沟的施工要求

明沟是一种用于引排滑坡上部滞留水或深埋于地下的地下潜流，同时也可以作为地表排水的一种手段，其横截面一般为梯形或长方形。当地下水埋深非常浅，只有 2 m 左右时，或者当有沟渠穿过时，土层比较稳固，可以进行比较深的明掘时，通常采用梯形剖面。而矩形槽形剖面，适用于引排地下水埋深。

明沟的挖掘通常是手工挖掘，也可以是机械挖掘，但在挖掘过程中要特别重视安全问题，预防崩塌，特别是在陡峭的斜坡上。在土质均匀，地下水位在沟底以下，并且挖深满足相应规定的情况下，挖深可以不设置支撑；但当开挖深度较深、土质又较差时，则必须进行支承。

沟槽挖好后，应及时进行浆砌块石等结构的施工。在迎水侧沟壁上设置集水的泄水孔处，其孔后应设滤水层，以防止坡内岩土颗粒等流出，引起坡面坍塌。滤水层应符合设计要求，确保施工质量。

（2）盲暗沟的施工要求

为避免渗漏，可在底端铺上杉皮、聚乙烯或柏油片，并在底端及边沿铺上由树枝及沙石构成的滤水层，以避免堵塞。对于特别大的集水，也可以采用穿孔管。当集水暗沟太长的时候，会让已经聚集的水再次渗透，也会造成管道淤堵，因此，通常情况下，每 20～30 m 布置一个集水池或检查井，其端头则与地表排水沟或排水暗沟连接。排水暗沟由有孔的钢筋混凝土管、波纹管、透水混凝土管等构成，有时也在一定程度上起到集水暗沟的作用。

暗沟易受到滑坡体移动的影响造成基础变形，从而大大削弱了其功能，且维护难度较大。因此，暗沟的长度应该越短越好，斜坡应该越大越好，最好能尽早地与易于维修的地面排水沟连接。在进行工程建设时应格外小心，在地下沟渠埋得很深的情况下，还要小心因地下沟渠的挖掘而导致的滑坡体的滑移，以及滑坡体失稳。在需要的时候，可以在滑坡体滑动面的出口处，设置一些支撑结构，以防止滑坡的滑移，然后再进行施工。

(3)渗沟的施工要求

渗沟属于隐蔽工程，埋置于地下，不易维护。因此施工时，必须确保施工质量，保证渗流畅通，引排有效。渗沟施工时要求注意以下几点。

①沟槽中用作集流、排泄的填充物必须达到设计标准，填充物必须进行筛分、清洁。

②下水道的封堵层一般为浆砌片石块、干砌片石块水泥浆勾缝、黏土压实等。在黏土层的下方，应该覆盖有两层土工织物或草皮。在严寒地区，必须设置保温材料，其材料可以是矿渣、砂石和碎石。

③在渗沟的出水口，应该设有一个端墙，并在其下留有一个与沟内的排水通道尺寸相同的排水管，并且，端墙的排水孔底部距离排水沟底部的高度不能低于20 cm，在冰冻区，排水管的出水口不能低于50 cm，所以，必须对排水管的出水口进行加强，以避免被冲刷。

④在排水管道与排水管道之间，应有一种反渗透、隔离渗透的措施。如果沟底位于不透水层之上，则反滤位于临水一侧，隔渗位于背面，如果沟底位于含水层之上，则反滤位于正面。在沟的两边、沟的底部，都要有一个反过滤器。

⑤隔渗层采用黏土夯实，并铺设砂浆片石或土工薄膜等防渗材料。土工薄膜的渗透系数要小于每秒 10～11 cm，其横向强度要求大于 0.3 kN/m。

⑥渗水槽的挖掘应从下往上，要边挖边回，也就是在支撑完成后要尽快地回填，不要过长时间地暴露在外，否则会引起塌方。在排水渠挖深大于 6 m 的情况下，必须采用支架支撑。在挖掘的时候，一边挖一边支撑，在进行回填的时候，则是在自下而上地逐渐将支撑物拆除。

(4)平孔排水的施工要求

平孔排水施工简便、工期短，节省材料和劳动力，且经济有效。平孔排水施工要求如下：

①采用钻孔孔径为 75～150 mm、钻深可达 180 m 的钻机（具体可根据设计要求选用），在挖方边坡平台上水平向钻入滑坡体含水层，钻孔的仰斜坡度可为 10%～20%；然后在钻孔内推入直径为 50 mm、带槽孔的塑料（PVC）排水管（有钻机也可将塑料排水管放在钻杆内一起钻入，然后抽回钻杆）。

②带孔排水管的圆孔直径为 10 mm，纵向间距为 75 mm。沿管周分三排均布排列，一排在管顶，其他两排在管的两侧，顶排圆孔与侧排圆孔交错排列。

③在靠近出水口 1～10 m 的长度范围内，应设置不带槽孔的塑料排水管；

在靠近出水口至少 60 cm 的长度范围内应用黏土堵塞钻机与排水管之间的空隙，防止泉水外渗而影响滑坡的稳定。

④钻孔时应注意，一般在夹砾石的砂土层或不均质地层中，钻孔容易弯曲。因此，要正确地达到预定的地层，就必须仔细和慎重地钻进。

⑤如果钻井进入蓄水层，则在井眼上方的含水层段，要用一根有滤网的保孔管来保护井眼。在钻头的前面，有时候还需要用到聚乙烯网的管子。为避免因保孔管渗漏出现渗水而导致孔内塌陷，在排水管道的出口处，必须设置石笼或水泥墙进行防护。在对渗透性较差的基础进行收集时，有时候需要在保持孔内的整根管道上设置一个过滤器。

⑥另外，在穿越滑动面的过程中，还存在着崩塌的可能性。此外，在钻进的过程中，有时会遇到坚硬的孤石或软硬悬殊的岩石，很容易造成钻管弯曲，而不能钻到预期的位置，这样就无法达到排水的效果，这时应该采用其他的工程措施来将地下水排出，以达到根治滑坡的目的。

（四）减重和反压工程

滑坡的上部刷方减重减小下滑力，前缘填土反压增加抗滑力，是治理滑坡最经济有效的方案，有条件时应优先采用。1966 年成昆铁路铺轨时发现会仙桥大滑坡将桥梁墩、台推移了 8 cm，勘察后采用滑坡上部减重、前缘改沟反压稳定了滑坡，避免了改线方案。即使单用减重也能减缓滑坡移动，为治理争取时间，例如，陕西省韩城发电厂滑坡造成厂区严重变形而停产，在减重 $70 \times 10^4 \text{ m}^3$ 后，滑速减慢，工厂恢复了发电，也为后期抗滑桩施工创造了条件。又如福建省 205 国道箭丰滑坡已将路边挡墙推倒，随时有可能断通，在滑坡上部减重 $15 \times 10^4 \text{ m}^3$ 后，滑速减慢至每天 1 mm 以下，直至治理工程完成，公路都没有断通。

但当减重会影响上部滑坡或山坡的稳定时应慎用。减重主要是在滑坡的牵引段和主滑段刷方，留宽平台，设计稳定坡率，并应与两侧山坡顺接。减重与滑坡抗滑段的边坡刷方是不同的概念，必须区分清楚。在滑坡抗滑段盲目刷方会造成滑坡范围扩大或剧滑。例如，2017 年广东某高速公路一个 4 级边坡开挖时发生山坡开裂，未判明变形性质就进行放坡刷方，结果滑坡裂缝发展到距线路 300 m，花费近 1 亿元进行治理。若能及时判明变形性质，采用排水和支挡，会节约大量投资。

由开挖引起的老滑坡复活和新滑坡，及时回填反压恢复支撑，防止滑坡大滑动和扩大是有效的。例如，内蒙古准格尔煤矿储煤仓边坡滑坡，以每天 5 mm 的速度滑移，严重威胁煤仓的安全，有关人员立即采取了排水盲沟和坡脚填土反压稳定了滑坡。有条件在滑坡前缘填土反压或在沟中作谷坊坝填土反压，都是有效的，比做抗滑桩节省很多。

遇到路堤滑坡时，做反压护道也是稳定滑坡的有效方法之一。填土高度要保证滑坡不会从填土顶面"越顶"滑出，填土宽度和数量要由计算滑坡稳定性确定，填土必须压实才能起到支挡作用，滑坡前缘填土反压，一定要设盲沟排水，不能把地下水堵在填方体中。

四、滑坡灾害治理的施工要求及原则

（一）滑坡治理工程的施工要求

工程建设的质量直接关系到滑坡治理的成功与否。在工程设计中，不但要有对工程的细致和严谨的要求，还要有严谨的组织方案。具体内容包括滑坡动态监测、选择施工季节、安排各分项工程的施工顺序、安全保障措施、质量保障措施等。

1. 滑坡动态监测

滑坡防治工程是在动体上施工，开挖、堆料、用水都可能影响滑坡稳定。滑坡大滑动会危害人身安全，因此必须加强对滑坡的动态监测，在滑体上和裂缝处设监测桩，专人、定时进行监测和预警，有险情时及时撤离人员，确保施工安全。

2. 施工季节的选择

水是滑坡的重要影响因素，因此雨季滑坡多发。水渗入滑坡会加速滑坡滑动甚至发生剧滑，因此，滑坡防治工程的施工应避开雨季，安排在旱季进行，减少雨水的不利影响。高边坡的开挖也应尽量安排在旱季。

3. 施工顺序安排

对滑移速度较快的滑坡，应先做应急工程。例如，滑坡前缘填土反压、滑坡上部刷方减少地表和地下排水等，减缓滑坡的滑动速度或暂时稳定，为安全施工创造条件，再做永久工程；否则可能发生抗滑桩护壁挤裂，难以安全施工。

抗滑挡墙的施工，必须分段跳槽开挖，及时砌筑恢复支撑，不能全段面开挖造成滑坡滑动抗滑桩施工必须分批开挖和及时浇筑混凝土恢复支撑，不能因开挖影响滑坡稳定，护壁应及时浇筑并不能侵入桩截面影响配筋。隧洞和盲沟施工应先做检查井，调整纵坡后再进行开挖并加强支护。截水洞施工完成后，再施工洞顶渗管，保障施工安全。

高边坡施工，必须按开挖一级、加固防护一级的顺序进行，不能一直挖到坡脚才去加固，导致边坡失稳和滑坡。这样的教训很多，应该避免。

4. 安全保障措施

除滑坡险情预警，撤离人员和设备外，对每项工程都应有具体的安全措施，如截水洞开挖的涌水、塌方预测、爆破药量控制和加强支撑，截水沟开挖的支撑，抗滑桩坑开挖的护壁浇注、拆模、开裂、爆破、出渣、人员上下的爬梯，以及地表水和杂物的拦截等都应有详细安排和措施。

5. 质量保障措施

首先，按照设计图准确放样，保证位置、方向和高程正确无误。

其次，确定洞、井和钻孔断面的尺寸和深度，钢筋、钢绞线的质量和长度，混凝土和水泥砂浆的质量，开挖、支撑、清孔等均应符合设计要求，并有验收签字。

最后，验证设计资料，对地质条件，特别是滑动面和地下水有较大变化的，应及时向设计单位提出复查，及时变更。

（二）滑坡灾害治理的施工原则

在进行滑坡治理时，对滑坡的工程地质条件以及影响滑坡稳定性因素展开调查分析是核心的工作内容和工作原则。在调查分析的基础上开展对影响斜坡稳定性的主诱因和次诱因的分析工作，采取针对性的治理措施。其中，斜坡的变形规律和边界是重要分析点，根据变形规律和边界条件的不同采取的治理措施也不同。同时，对于滑坡规模以及破坏方式的研究也是布置治理措施的条件之一。

另外，治理措施的选择需要根据治理工程的重要等级，针对危险性较大的滑坡需要提高防治等级，采取安全系数更高的治理措施。在治理措施的制定过程中需要注意因地制宜、环境保护等要求。有关人员应该根据滑坡治理原则收集关键的滑坡工程特征，并整理出在关键滑坡特征方面相似度较高的典型滑坡，形成合适的滑坡治理方案。

1. 正确认识和评估原则

对于山体滑坡的认识与评估，就像医生给人治病，要找出病因，方能对症下药，方能根治。过去，因对古滑坡的认识不足，对其与易滑坡区的错判和误判，致使工程施工期间或工程结束后，出现了滑坡灾害，导致工程进度缓慢，且需要耗费大量资金对其进行治理，造成了不必要的损失。所以，要对前期的地质工作进行强化，提升对其的认识，对滑坡和边坡进行深入、仔细的调查和勘探，为进行有效的治理提供科学的依据。

2. 以预防为主原则

自然灾害都应以预防为主。大型滑坡一定要绕避，因为治理费用昂贵，一般要花数千万元，甚至上亿元。当通过中小型滑坡时，也要采取预防措施防止老滑坡复活。高边坡勘察设计时，应分析预测其发生滑坡的可能，采取预加固措施，并应科学施工，防止发生工程滑坡。

3. 治早治小原则

一旦出现老滑坡局部复活或新生滑坡，除加强动态监测防止造成灾害外，应尽快勘察，查明其规模和性质，及时采取措施稳定滑坡，例如，前缘反压、上部减重和排水等应急措施，不使其发展扩大，为勘察、设计、施工争取时间，节省治理投资。

4. 重视排水、综合治理原则

排水在预防和治理滑坡中具有重要作用，尤其是地下水发育的滑坡，应首先采取地下排水措施，然后才是减重、反压和支挡等措施。

经济发达国家在滑坡治理中都十分重视地表和地下排水。我国有些滑坡治理工程不重视地下排水，导致工程失败。

地下排水提高了滑带土的强度，可减小支挡工程量，甚至可预防滑坡的发生。治理大型滑坡时，要排水、减重、反压、支挡措施相结合综合治理，以求经济合理。单一措施如抗滑桩不一定是最经济的。

5. 统一规划、分期治理原则

遇到大型复杂滑坡时，短期内难以查清其性质，治理费用高，应统一规划、逐步勘察、分期治理；先做应急工程，再做永久工程，前、后期工程应相互衔接，避免废弃；分期治理也可节省投资。

6. 动态设计、信息化施工原则

由于滑坡的复杂，仅靠勘察阶段还难以完全查清，应把地质工作延伸到施工过程中，通过施工开挖验槽，确定滑动带的准确位置与地下水的分布，若有变化，应及时据实调整设计。施工应验证勘察设计资料，提出修改建议，掌握滑坡动态，调整施工顺序，确保施工安全，做到科学施工。

7. 科学维修与保养原则

滑坡的防治工程完成后，应有定期的检查、维修和保养，例如，雨季前、后的检查，使其处于良好的工作状态。若有较严重的山坡和建筑物新变形，则应加强监测，立即勘查，查明原因，采取稳定措施，防止灾害发生。

五、滑坡灾害治理的相关对策

（一）加强防灾、减灾科普

山区人民，尤其是居住在斜坡上的村民，为了更好地保护自己的生命财产安全，应该学习掌握滑坡、崩塌等灾害的科普知识和减灾防灾技术。

各地区政府应将减灾防灾的科普宣传教育列入各地方的主要工作日程，并由县级国土资源局做出具体的应对方案。

另外，在中小学的文化教学中，也可以考虑把这方面的科学常识融入其中，以达到全民普及的目的，提高人们的防灾意识。各级基层干部应先学习掌握滑坡、崩塌等灾害的科普知识，掌握减灾防灾的基本技术和方法，并开展对边坡环境安全问题的巡视调查。

同时，住在山坡上的大多数人，也应该积极地参与到关于减少和预防灾害的科学知识的学习中去，并将其运用到自己的生活中去，例如，学会在自家房前屋后调查斜坡变形的方法和技术，如果发现房前屋后山坡已经出现拉张裂缝变形，应立即向上级（村、乡）报告，以便上级派专业人员来进一步调查、分析。居住在斜坡上的村民要懂得利用科普知识保护自己。

滑坡多发地的基层广播电视台应该组织有关减灾防灾科普知识宣传教育的专题讲座或科普教育影片。专门从事减灾防灾的科技人员应多写一些有关减灾防灾的科普宣传教育材料，供广大的山区农村的人们在减灾防灾的实际中应用。

（二）加强崩塌防治与危岩加固

危岩体是指崩塌前的岩体。危岩可演化成落石、滚石、掉块等，不一定演化为崩塌。只要处置了危岩，就算是治理了崩塌和其他演变方式。现在，使用最多的处置危岩方法有以下几种。

1. 清除危岩体

对已经发生拉、裂隙变形的陡坡、峭壁，我们称其为"危岩"。在危险岩石表面已经出现松散状态的岩石，称之为危险岩石松散体。危岩以岩石的松散、斜面的张裂等为主要特点。

（1）爆破碎裂清理

当危岩体岩石坚硬，块状大，前面没有建筑物或其他地表容易损坏的建筑物时，可以用爆破碎裂方法清理。

（2）膨胀碎裂清理

在危险岩石前面有建筑物或其他地表容易损坏的建筑物时，可以使用膨胀碎裂方法清理危险岩石的松散地带。其施工方法是，在危岩松散带上边缘，以偏直或微斜的方式钻孔，钻孔均采用静压膨胀炸药充填孔径三分之二，并以纯黏土充填封闭上部孔径三分之一。膨胀性炸药吸收水分后，会发生强烈的膨胀，从而使岩石破裂，并将破裂的岩石移至规定的地点。这样，一层层地将危险岩石剥离，剥离之后，新的坡面也呈现出阶梯状。用膨胀碎裂法处理危岩松散带有很多的优势，例如，操作简便、安全、不会对周围的环境造成太大的冲击，但也有一些不足之处，那就是与其他处理方式相比，其投资要大一些。

2. 危岩体加固措施

对一些危险的岩石，在不能完全移除的情况下，可以考虑对其进行加固。目前，危岩支护及预应力锚（索）补强是常用的一种补强方法。造成危岩的原因除了斜坡过于陡峭之外，还有危岩脚下为软岩层或有人为挖掘等因素，造成该地形成了一个倒"V"形的虎口地貌。

支撑的作用就是用来顶着"V"形物体上方的岩层，使它停止变形。采用浆体片石块及水泥基座作为支撑材料。在设计上，没有什么特别的规定，但要特别注意下面的一些问题：支座的外形不应完全相同，应根据不同的地质情况进行调整；在施工清基时，应将"V"形体内的浮土、碎石等清理干净，但不宜深挖，将整个支护墩置于基岩之上；为确保安全，需要对其进行分段跳槽开挖施工；在挖好一段之后，应该及时进行浆砌或浇筑混凝土。

3. 预应力锚索（杆）加固工程

若基岩基底完好，呈倒"V"字形，但其上端出现裂隙，并有垮塌风险，此时，可采用预应力锚索（棒）及周边等措施对危岩进行加固。

预应力锚杆系统是近年来出现的一种新型的边坡加固技术，应用十分广泛。由于本工程需要进行比较复杂的设计，因此，在进行施工时，需要使用专用的锚杆钻机。

（三）其他预防措施

禁止乱挖、乱建、乱排，以免引起边坡失稳。注意边坡渠道、水库和池塘的渗漏情况，一旦发现，应立即进行修复和堵塞。

对坡地进行灌水和浇灌时，应避免采用漫灌方式，并尽可能采用喷灌方式。在对坡地水稻进行灌水时，要特别留意坡地是否有漏水现象，一旦漏水，就要马上停止灌水。

打通房前屋后的排水系统，防止大雨、洪水的冲刷，在沟边或河边建造房子时，不要侵占沟、河的行洪断面，要让沟、河畅通无阻。

雨季时，要多观察房前屋后边坡的变形情况，每逢下雨、暴雨或长时间下雨时，要多加注意，观察边坡的断裂变形情况。如果在房前屋后的斜坡上出现了显著的拉张开裂变形，应该及时向县、乡、村主管部门汇报，由专门的人士进行检查和处理。

第五章 泥石流灾害分析与治理技术

泥石流是我国较为频发的地质灾害之一，它常与山体崩塌、滑坡以及洪水等多种地质灾害具有关联性。面对泥石流灾害时，不仅要对其进行分析与治理，还要合理地预防，只有这样才能产生良好的治理效果，并对灾害的发生起到减少和避免作用，保障人们的生命和财产安全。本章分为泥石流灾害分析和泥石流灾害治理两个部分。

第一节 泥石流灾害分析

一、泥石流灾害的定义

泥石流是由固体和液体两相物质组成的特殊流体，是沿斜坡面流动的松散土体与水、气的混合体，形成条件主要包括物源、水源、沟床比降，一般多暴发于流域面积较小的山区沟道，流体内裹挟有大量的固体物源、水体、气体，一般呈黏性层流或稀性紊流等运动状态。泥石流在世界各地均有发生，是一种常见的山区自然灾害。泥石流具备地域分布广、暴发频繁、毁灭性强、成灾率高、高浓度、宽级配、突发性、夜发性、群发性等特点，对人民生命安全、财产安全、交通安全等形成巨大的威胁。

二、泥石流灾害的形成条件

泥石流的形成需要三个基本条件：有陡峭便于集水集物的适当地形、上游堆积有丰富的松散固体物质、短期内有突然性的大量流水来源。

（一）地形地貌条件

地形地貌条件（包括坡度、沟床比降、面积等）可以为泥石流的产生提供相应的能量。泥石流的产生受地形地貌条件的影响，地貌类型、流域高差、流域面积等为泥石流的形成、运动、堆积等提供必要的能量启动条件和发育场所。

在地形上，山高沟深，地形陡峻，沟床纵坡降大，流域形状便于水流汇集。在泥石流形成时，由于地势陡峭，地形起伏，产生了重力势能，进而将其转换为动力条件。有利于水源和资源的聚集，有利于泥石流运动发展的高山深壑、沟谷区域是孕育泥石流的首要条件，地势平缓的地区无法形成泥石流。

在地貌上，泥石流的地貌一般可分为形成区、流通区和堆积区三部分。上游形成区的地形多为三面环山，一面出口为瓢状或漏斗状，地形比较开阔，周围山高坡陡，山体破碎，植被生长不良，这样的地形有利于水和碎屑物质的集中；中游流通区的地形多为狭窄陡深的峡谷，谷床纵坡降大，使泥石流能迅猛直泻；下游堆积区的地形为开阔平坦的山前平原或河谷阶地，使堆积物有堆积场所。不同的地貌类型代表着不同的高程与地形起伏度，在不同起伏度的范围内泥石流灾害点的分布明显是不相同的，不同的地形起伏度对泥石流灾害发育的影响是不相同的。

地形地貌对泥石流的影响一般可在流域面积、流域形态、流域相对高差、流域坡度、沟床比降等中体现出来。

①流域面积。泥石流发育规模和泥石流发生频率受泥石流沟流域面积的影响，大部分泥石流沟的流域面积在 10 km² 以下，流域面积过大或过小均不利于泥石流的发育，过大的流域面积会导致流域平均比降相对较小，过小的流域面积会导致流域的汇水条件和物源条件较差。

②流域形态。泥石流沟的流域形态和泥石流启动的水源条件密切相关，它影响着泥石流的形成、运动、流量等，通常情况下桦叶形、漏斗形的流域汇流时间较短，有利于泥石流的形成，流域形态可通过求取流域形态完整系数来判断。流域的形态一般影响着流域的汇水情况、流体性质等，泥石流沟的流域形态完整系数和流域的汇水能力是呈正相关关系的。流域形态完整系数越大，汇水能力越强；泥石流流体中水体比值越大，泥石流容重则越小。流域形态完整系数越大的沟道，泥石流流体的性质大多表现为稀性，并有可能向山洪转化。

③流域相对高差。流域相对高差主要通过泥石流形成的势能来影响泥石流的分布。泥石流沟相对高差和势能呈正相关关系，相对高差越大，泥石流的动力条件越充足，在充足的水源条件下，极易发生泥石流灾害。

④流域坡度。流域坡度影响泥石流的物源补给方式和数量，并对流域的产流和汇流有着直接影响。我国东部中低山区，利于提供松散物源的坡度在 10°～30°，其补给方式多为滑坡；西部高山区，利于提供松散物源的坡度在 30°～70°，其物源的补给方式多为崩塌、滑坡或碎屑流。通常坡度较小不利

于松散土体的启动,难以形成泥石流;而坡度较大不利于松散土体的积累,也不利于泥石流的形成。

⑤沟床比降。泥石流的形成和运动往往受到沟床比降的影响。沟床比降是泥石流势能转化为动能的基础,不同的沟床比降对泥石流的形成有着不同的作用,一般而言,沟床比降过大不利于松散固体物源的积累,而沟床比降过小则不利于松散堆积物的启动。

(二)松散物源条件

物源条件是泥石流形成的基础。物源是泥石流发育和发生的必要条件之一,目前大部分泥石流沟都具有丰富的松散物源。泥石流沟松散固体物质丰富,类型多样且分布不均。松散物源是泥石流的主要组成部分,泥石流之所以破坏性强,主要原因在于泥石流流体中携带的砂石在快速前进的过程中产生的冲击力极强。泥石流松散物质的主要来源是在新构造活动中岩层松散、岩体破碎、风化而产生的岩石碎屑这类自然物质;次要来源是由于人类不合理的各种开发活动而产生或导致的松散物质,如在开山采石、挖山采矿的过程中未合理处理的弃渣。

泥石流物源的种类可划分为以下四类:①斜坡坡面侵蚀物源,如在高海拔地因恶劣的气候环境,常形成一些裸岩或裸地,这些区域在冻融侵蚀、构造活动、物理风化等作用下,形成了大量极为脆弱的风化物质,堆积于坡面或坡脚为泥石流的形成提供大量的物源。②崩塌滑坡体物源,在泥石流活跃的流域内,经常发育有大量的崩塌滑坡。崩塌滑坡体运动至沟道里,可直接转换为泥石流或堵塞沟道,发生堵溃,扩大泥石流规模。③沟道堆积物源,如泥石流流域沟道物源主要由一些残坡积物、冲洪积物和冰川堆积物等组成。④冰碛物物源,如有的泥石流地区冰川发育,在冰川退缩后,形成了大量的冰碛物。

泥石流的基础物源是由发源地土体表层碎屑物组成的。在雨水的冲刷作用下,土体表层泥沙失稳、岩石破碎,此类碎屑物质在水动力作用下混合形成泥石流。泥石流发源地的土体在含水量未饱和前均处于稳定状态,随着降雨的不断积累,雨水逐渐渗入土体中致使泥土体的含水量达到饱和或者过饱和状态,碎屑物质自身重力不断地增加,在水体冲击下由静固态变为液态,从而暴发泥石流灾害。

固体物质是泥石流的另外一个主要组成部分,坝体松散的固体物质为泥石流的形成提供了充足的物源条件。在泥石流发育的整个过程中,坝体被流水侵蚀的同时，沟床的固体物质也在被流水侵蚀，整个沟床表现为上游的侵蚀和下游的堆积。

泥石流常发生于地质构造复杂、断裂褶皱发育、新构造活动强烈、地震烈度较高的地区。地表岩石破碎、崩塌、错落、滑坡等不良地质现象发育，为泥石流的形成提供了丰富的固体物质来源。泥石流斜坡土体所含有的大量松散固体物质，其数量、大小受到地层岩性、地质构造活动的影响。地层岩性是区内泥石流灾害发育的基础，各种不同岩石的坚硬程度以及结构的构成有着很明显的区别，区内的岩石一直受到风化作用的影响，破碎的岩石经常会进入沟道之中，为松散固体物源的补给提供必要的条件。

泥石流斜坡地表的植被覆盖也会影响松散固体物质的补给，地表植被覆盖越少，水土流失越严重，从而导致松散固体物质数量增多，泥石流斜坡的坡度、高程能够影响雨水汇流过程，深谷高坡可以为泥石流提供充足的动力；另外，岩层结构松散、软弱、易于风化、节理发育或软硬相间成层的地区，因易受破坏，也能为泥石流提供丰富的碎屑物来源。城镇发展、修建公路、采矿、耕种、砍伐等人类工程活动与泥石流灾害相互影响，不合理的人类工程活动也有可能会导致或加剧泥石流灾害的产生，泥石流灾害同时也对人类工程活动产生严重的危害。工程建设过程中的削坡、填土、加载等，经常会诱发泥石流、滑坡等地质灾害，引水渠的渗漏、环境污染物的不合理排泄、不合理的人类耕作、水库地震等也是导致泥石流灾害形成的原因。

（三）水源条件

水不仅是泥石流的重要组成部分，还是刺激泥石流发生的必要条件，同时也是泥石流的运输介质。水是泥石流流体混合物的重要组成部分，也是侵蚀土体、形成溃决型泥石流的激发条件。一般导致泥石流爆发的水流来源为长时间降雨、短时间内暴雨或冰雪融水。由于降雨为启动泥石流的钥匙，所以泥石流爆发的季节性规律一般与当地降雨的季节性规律一致。

水源是泥石流形成的三大必要条件之一，既是泥石流的激发因素，也是泥石流的组成要素之一，参与泥石流活动的全过程。在降雨、冰川融水、冰湖溃决、地下水等水源条件中，降雨是较为常见的泥石流水源条件，大部分泥石流的发生都与降雨有着密切的关系。在泥石流发生前期，降雨可通过浸泡侵蚀来激发泥石流的启动，在泥石流暴发时，降雨可通过入渗、掏蚀等形式来削弱土体的强度，破坏物源原本的稳定性，使其更易参与到泥石流的活动中，对流体的规模和性质都会造成一定的影响。降雨量的分布情况也对地形地貌有着一定的影响，雨水充足的区域一般植被覆盖率较高，一定程度上可提高土体的稳定性，减少斜坡坡面侵蚀物源。

在上述三个条件同时具备的情况下，泥土、砂石被水流冲刷带走，沿着沟道不断向前，途中不断发育，泥石流灾害逐步成型。

三、泥石流灾害的特征

（一）规模特征

由于泥石流的形成条件离不开山区自然地质条件，因此在沟谷里发育形成坡面泥石流较为常见。一旦发生沟谷泥石流，大量的流动物质会冲出沟谷区域，扩散流域小则数平方公里，大则数十平方千米。沟谷型泥石流相对而言规模不大，是属于沟谷泥石流中一次性冲出物质流不多、汇水面积较小的类型，通常冲出物质仅仅只有沟谷泥石流的较小比例，在几十分之一左右，一般情况下通常物质流规模在数百立方米至数千立方米之间。以流域为周界，受一定的沟谷限制，泥石流的形成区、堆积区和流通区较明显，轮廓呈哑铃形。以沟槽为中心，物源区松散堆积体分布在沟槽两岸及河床上，崩塌、滑坡、沟蚀作用强烈，活动规模大，由洪水、泥沙两种汇流形成，更接近于洪水，发生时空有一定的规律性，可识别，成灾规模及损失范围大，主要是暴雨对松散物源的冲蚀作用和汇流水体的冲蚀作用，重现期短，有后续性，构造作用明显，同一地区多呈带状或片状分布，被列入流域防灾整治范围，有一定的可知性。

（二）破坏力特征

由于泥石流的形成需要较大坡度，并且还要在大量集中降雨降水的条件下冲刷松散物质，随后随流动物质运动产生崩滑从而形成泥石流。沟谷型泥石流生成地区高程较高，坡面陡峭，因此由高度势能转化成的动能较大，并随着崩滑滚落带有大量固体物质，加大加速度，因此一旦发生拦挡，撞击到外部物质时，在速度的冲击下易发生较大破坏。另外由于冲出物质动能及规模较大，会在物质流前端形成大量的气压，同样会对接触面的各类建筑物造成高压爆破等破坏形态。由于坡面泥石流常见于冲沟位置，属于地质形成早期阶段，此时侵蚀作用对其影响明显。一旦发生坡面泥石流，坡面上的松动物质会连带地表下的土地变成松散状态，影响坡面土体稳定。一旦遇到集中降雨降水的冲刷，则会进一步引发更大规模的泥石流，因此造成泥石流频次较高的反复发生。

（三）频率特征

从地貌学角度看，泥石流所发生的冲沟处于地貌演化的最初期阶段，泥石流发生后，坡体上已经垮塌的土体将会对其上部的土体失去支撑作用，对它们原本能维持的稳定性造成影响，极易在下一次降雨作用下继续产生牵引式的垮塌并再次形成泥石流。因此，泥石流后续再发生的频率会相对较高。

（四）堆积特征

泥石流堆积物具有微弱的成层现象，较少看到较为明显的巨厚韵律层理。泥石流主要呈现扇形堆积状态，整体坡度较缓，一般约在10°～12°。但形成的堆积区前沿部分坡度较大，一般在30°～45°，少部分超过45°。

（五）运动特征

泥石流携带大量泥沙、岩块顺沟而下的运动过程，具有强大的搬运能力和破坏能力，同时沟道自身的固体物质在一定强度的水流冲刷、泥石流拖拽的作用下会一起参与泥石流运动。泥石流通常以10～20 m/s的速度在山谷沟壑中流动，其运动特征描述如下。

1. 突发性

泥石流从形成到起动所需时间较短，从高处到低处的动力能够造成惊人的破坏力，一般情况下只需要几分钟时间就能给周围环境带来巨大的破坏。

2. 联动群发性

部分山区由于地势复杂，可能同区域内同时存在着多条泥石流沟壑。如果突发强降雨，区域内数条泥石流快速发育，相互联动甚至可以汇集成大规模山洪地质灾害。

3. 转发性

崩塌滑坡等灾害为块体运动，泥石流为固—液混合流体运动，这是两种以不同方式运动的地质灾害，但在降雨情况下，崩塌、滑坡起动之后可迅速转化为泥石流灾害。

四、泥石流灾害的分类

根据泥石流所含的物质成分、形成原因、物质状态、规模和流域形态的不同，泥石流有以下不同的分类。

（一）根据泥石流的物质成分分类

根据泥石流的物质成分的不同，可以分为泥石流、泥流、水石流。

①泥石流是由许多的黏土和不同粒径的泥沙和石砾组成的。

②泥流以黏土为主，含有少量沙子、石头。

③水石流中水的占比高，含有少量砂砾、小石块。

（二）根据泥石流的形成原因分类

根据泥石流形成原因的不同，可以将其划分为降雨诱发型（降雨型），滑坡转化型（滑坡型）和堰塞体溃决型（溃决型）。

1. 降雨型泥石流

降雨型泥石流是降雨作用下诱发的泥石流，该种类型的泥石流最为常见。在降雨型泥石流中降雨是泥石流灾害形成的主要原因。在暴雨的条件下，容易产生泥石流。当大量的降雨进入土体的孔隙中，土体自重以及孔隙水压力都会增加。由于降雨的不断渗透，土体很快将会进入饱和状态，原先稳定的结构将会被打破，阻抗力减少，松散固体物质变得不稳定。

2. 滑坡型泥石流

滑坡型泥石流是指滑坡在一定的水动力条件下发生快速运动，转化为高速流动，最终形成的泥石流。滑坡型泥石流多为高位滑坡转化，同样是现实中较为常见的泥石流类型。

3. 溃决型泥石流

溃决型泥石流主要为堰塞坝溃决形成的泥石流。溃决型泥石流主要有冰湖溃决型泥石流、沟道堰塞体溃决型泥石流和尾矿坝溃决型泥石流等类型。各类溃决型泥石流均具有溃决速度快、破坏力强的特点。在三种主要的溃决型泥石流类型中，冰湖溃决型泥石流、沟道堰塞体溃决型泥石流最为常见。对于溃决型泥石流的研究手段主要为现场勘测、数值模拟软件模拟和物理模型实验模拟。最初的研究多以现场勘测为手段，分析溃决型泥石流典型个体的成因和特征，但是现场勘测的手段耗时长，所能勘测的样本量有限，仅仅能对较少类型的泥石流进行现场勘测。随后开始使用数值模拟软件，对不同场景下的溃决型泥石流进行模拟，数值软件模拟的手段虽然能短时间内模拟多种场景下的溃决型泥石流，但目前软件的开发也仅仅处于初级阶段，其模拟结果与现实情况之间仍存在较大的差异。近几年，物理模型实验的手段开始被使用，相比于现场勘测的手段，该方法可以在短时间内快速模拟出不同场景的溃决型泥石流灾害情况;相比于数值模拟,则能获得更接近现实情况的模拟结果。

溃决型泥石流的形成过程可概化为三个阶段。第一阶段为溃决型泥石流形成的初期阶段。该阶段坝体溃决处于溯源侵蚀过程,溃决流量整体较小且缓慢上升,流体固体物质基本源于坝体侵蚀。该阶段流体混合物的容重整体较低并且小幅度波动。第二阶段为溃决型泥石流形成的加速阶段。该阶段坝体溃决处于侵蚀加速过程,溃决流量整体较大且呈现快速上升随后又快速下降的趋势,固体物质源于坝体侵蚀和沟床侵蚀。该阶段流体混合物的容重快速上升至最大值又快速下降,是最容易产生泥石流且泥石流破坏力最强的阶段。第三阶段为溃决型泥石流的减弱阶段。该阶段坝体溃决处于侵蚀减弱过程,溃决流量缓慢降低并最终与上游来水流量相近,固体物质源于沟道侵蚀和部分残余坝体的崩塌。该阶段流体混合物的容重整体呈现缓慢降低的趋势并伴随着一定幅度的波动。

(三)根据泥石流的物质状态分类

1. 黏性泥石流

黏性泥石流含大量黏性土的泥石流或泥流,黏性大,其中的水不是搬运介质,而是组成物质,稠度大,石块呈悬浮状态,爆发突然,持续时间亦短,破坏力大。黏性泥石流一般以黏稠泥浆状在沟道内运动,存在紊流和似层流两种流态,具备极强的侵蚀能力和搬运能力。黏性泥石流对工程的危害多表现为冲刷破坏工程基础,淤埋标高过低的工程。

2. 稀性泥石流

稀性泥石流以水为主要成分,黏性土含量少,有很大分散性。水为搬运介质,石块以滚动或跃移方式前进,具有强烈的下切作用。其堆积物在堆积区呈扇状散流,停积后似"石海"。稀性泥石流一般呈现为固液两相混合紊流状,具有侵蚀能力强、阻力小、下切强烈等特点,对交通工程的危害多表现为冲刷破坏工程基础、淤埋标高过低的道路面。

泥石流容重与泥石流类型和运动形式紧密相关,它是确定泥石流性质和运动特征的基本参数,也是泥石流防治工程设计中必须获得的参数。根据相关资料,泥石流容重值的变化通常在 $1.3 \sim 2.3$ g/cm³,容重值小于 1.3 g/cm³ 的为高含沙水流,容重值在 $1.3 \sim 1.8$ g/cm³ 的为稀性泥石流,容重值大于 1.8 g/cm³ 的为黏性泥石流。目前,泥石流容重的测量方法有实测法、配样法、基于黏粒含量的容重计算法、打分法等,应结合区域的实际情况,采用适合的方法进行测量。

（四）根据泥石流的规模分类

根据泥石流的规模分类，可以分为巨型泥石流、大型泥石流、中型泥石流和小型泥石流。

泥石流规模特征在一定程度上可通过泥石流堆积扇面积来反映，一般堆积扇面积大于 0.5 km^2 的可分类为巨型泥石流，堆积扇面积在 0.5～0.2 km^2 的可分类为大型泥石流，堆积扇面积在 0.2～0.05 km^2 的可分类为中型泥石流沟，堆积扇面积小于 0.05 km^2 的可分类为小型泥石流沟。

（五）根据泥石流的流域形态分类

根据流域形态的不同，可以分为坡面型、河谷型和标准型泥石流。

1. 坡面型泥石流

坡面型泥石流是指在山坡上形成的泥石流。它的特征是没有固定的位置，也没有明显的沟槽，只有在运动时才会有一个圈椅的边缘。滑坡多见于坡度超过 30° 的坡面，其物源以松散覆盖层为主，多见于地下水及暴雨诱发。强降雨时大风会导致树木倒伏，从而导致坡面局部受损。坡面型泥石流可以在一个斜坡上多次出现，并以梳状分布，但不能重复，而且往往规模不大。

2. 河谷型泥石流

河谷型泥石流多见于低级支流。山谷通常是常年有水量的，但是流量很小，只有在雨季的时候，降雨比较多的时候，才会形成泥石流。松散物源的主要来源是沿沟渠两侧及河床堆积物或河谷内的塌滑体。由于沟谷宽度不同，在较开阔的地方容易形成泥石流，因此，其形状往往是串珠形。此类泥石流具有重现期，但具有一定的偶发性，在很多情况下，由洪积物所构成的水流与山洪相似。

3. 标准型泥石流

标准型泥石流的特征是由形成区、流通区、堆积区三个区域构成的典型泥石流。其发育空间一头是形成区，一头是堆积区，中部是流通区，整体外形呈哑铃型，形成区周围的崩滑物及少量的面蚀、沟蚀堆积物为松散物体来源。通常，山谷内没有长年的流水，只有在雨季才会发生洪水。这种泥石流具有一定的重现期，但其周期具有不可预测性，其规模与形成区规模、物质聚集量、降雨强度等密切相关。

除了以上的分类，还可以按泥石流发展的阶段划分，分为形成期、发育期、旺盛期、衰退期、停歇期；根据泥石流易发程度划分，可以分为轻度易发、易发以及极易发三类；从泥石流爆发频率来看，分为低频泥石流、中频泥石流和高频泥石流。

各地泥石流形成的自然环境有所差异、物质组成成分不同、活动规律不一致导致我国不同地区的泥石流也都特色鲜明。青藏高原地区冰川地貌的广泛分布提供了大量冰雪融水，所以此地区泥石流主要以冰川泥石流为主，且有爆发频率高、一旦爆发则规模巨大的特点；川滇地区由于其雨季期长，降雨量大，所以当地暴发泥石流以降雨型泥石流为主，爆发频率较高；黄土高原地带由于地表物质松散极容易被雨水带走，致使当地泥石流主要以暴雨冲刷黄土形成的黄土泥流为主，规模与破坏力都较小；华北地区泥石流主要受台风影响的暴雨导致，爆发不频繁但爆发规模较大。

五、泥石流的危害分析

（一）泥石流的具体危害

泥石流是地质不良山区常见的一种自然地质灾害现象，也是一种破坏力很强的特殊洪流。泥石流发生时往往会冲毁房屋、公路铁路，淤埋农田，毁坏供水、供电、通信等设施，威胁人民生命和财产安全，严重影响当地生态环境，造成巨大经济损失。

泥石流与一般洪水不同，裹挟着大量的固体物质，在向前移动的过程中不仅会侵蚀沟床、沟岸，强大的破坏力往往摧毁所到之处的房屋建筑，堆积体淤埋破坏地处堆积扇的农田房屋，甚至堵塞河流形成堰塞湖溃决洪水灾害链，给人民生命财产造成极大的危害。泥石流的形成与其所处区域的地质地形、水文气象、土地利用与覆被等条件息息相关。突发性的暴雨是泥石流的触发条件，降雨量越大，发生泥石流的规模也就越大。泥石流破坏力巨大且成形迅速，不仅会造成承灾区自然生态环境被破坏，农田作物、道路交通等社会基础设施被损毁，还会严重危害承灾区人民群众的生命安全，严重破坏当地经济。

我国是一个多山的国家，不少山区由于构造活动较为频繁、地势陡峻经常发生诸如山崩、滑坡等不良的物理地质作用，这些为泥石流的启动提供了大量的物源。大型泥石流灾害活动的频度和强度明显增加，且具有群发性和链式灾害特点，危害程度极为严重。泥石流能造成如此严重的威胁其结果是多方面的，人类很难去预测泥石流的发生。泥石流发生后由于其极高的冲击力人们往往很难快速转移，而泥石流在移动的过程中其规模也伴随着物源的不断补充和对于沟床的不断侵蚀越来越大。

①对居民点的危害。泥石流最常见的危害是冲进乡村、城镇,摧毁房屋及其他场所设施,淹没人畜,毁坏土地,造成村毁人亡的灾难。

②对公路和铁路的危害。泥石流可直接埋没车站、铁路、公路,摧毁路基、桥涵等设施,致使交通中断,还可引起正在运行的火车、汽车颠覆,造成重大的人身伤亡事故。有时泥石流汇入河道,引起河道大幅度变迁,间接毁坏公路、铁路及其他构筑物,甚至迫使道路改线,造成巨大的经济损失。

③对水利水电工程的危害。主要是冲毁水电站、引水渠道及过沟建筑物,淤埋水电站尾水渠,淤积水库,磨蚀坝面等。

④对矿山的危害。主要是摧毁矿山及其设施,淤埋矿山坑道,伤害矿山人员,造成停工停产,甚至使矿山报废。

⑤对国民经济的危害。泥石流灾害一旦形成,将会造成大量的伤亡,并产生极大的社会危害,将严重影响到整个地方的建设以及经济社会发展。所以,要加大对泥石流灾害的研究、减灾管理以及预警预报的工作,积极地组织开展经济、可行、合理的防治措施,使泥石流灾害所产生的直接经济损失减至最低。

(二)泥石流危害的关键指标

地表径流深等是导致流域内松散物源启动的主要原因,地表径流深的变化可以反映泥石流对于沟道的侵蚀作用。地表径流深越大,泥石流流经沟床时便会裹挟更多的松散堆积物质,从而增大泥石流的规模,这也就体现出地表径流深越大,泥石流对于沟床的侵蚀作用越强。

泥石流流深是体现泥石流特征的基本参数,同时也是泥石流防治工程设计的核心参数之一。当泥石流流深达到一定程度时,泥石流所产生的水压力会对沟道中的固体物质形成新的剪切力。当该剪切力大于固体物质的抗剪强度时,泥石流便会裹挟固体物质向前运动。当流深越大时对应其可能裹挟的固体物质就越多,即增加可能产生的危害程度。

泥石流的流速是决定泥石流动力过程的关键参数,它与泥石流灾害的野外调查、泥石流防灾减灾工程的设计、泥石流灾害的预警等都有着密切的联系。在干热河谷地区,由于当地沟床上土体结构十分脆弱,呈现较为松散的状态,在陡峻地形条件下,当发生暴雨时,泥石流的流量极易在短时间内达到峰值。此时泥石流挟带大量泥沙从坡面或河道倾泻而下,这种情况往往会给下游的居民带来无法预估的严重威胁,因此流速参数对于泥石流研究而言格外重要。

泥石流强度指数是表征泥石流规模与危险性的关键参数,它可以描述泥石流的破坏能力。泥石流强度指数越大的区域受泥石流影响的程度越大，可能造成的损失也就越大。

这4个参数均是研究泥石流的关键参数，地表径流深的变化可以反映泥石流对于沟道的侵蚀作用，泥石流流深和流速是泥石流基本特征的反映，泥石流强度指数可以描述泥石流的破坏能力。

第二节　泥石流灾害治理

一、泥石流灾害治理原则

泥石流灾害治理一般应遵循以下原则：以防为主，防治结合，避强制弱，重点治理；沟谷的上、中、下游全面规划，山、水、林、田综合治理；工程方案应以小为主，中小结合，因地制宜，就地取材；要开展预防监测，宣传普及泥石流的知识，重视制止诱发泥石流的人为活动，保护山地生态环境，防患于未然；开展坡面治理，搞好水土保持，实行合理耕作活动，从根本上解决泥石流的灾害。

对易发生泥石流地区的工程防护应遵循如下的原则。

①稳——用排水、拦挡、护坡等稳住松散物质、滑塌体及坡面残积物。

②拦——在中上游设置谷坊或拦挡坝，拦截泥石流固体物。

③排——在泥石流流通段开挖排导渠（槽），使泥石流顺畅下排。

④停——在泥石流出口有条件的地方设置停淤场，避免堵塞河道。

⑤封——封山育林，退耕还林，造林增加植被覆盖率。

二、泥石流灾害治理技术

（一）预测技术

关于泥石流预测的研究已有近百年的历史，泥石流的研究从开始到发展再到逐步趋于成熟经历了漫长而又曲折的过程。随着人们意识到泥石流灾害的危害性，泥石流预报、防治等工作的步伐加快，其中以"泥石流流速"为预测指标的预测模型取得了重大研究成果。大体可以将泥石流预测概括为三种类型：经验公式分析法、物理模型推导分析法以及预测模型分析法。

1. 经验公式分析法

早在 20 世纪 60 年代，该领域学者便展开了关于泥石流预测模型研究，但泥石流研究工作受到经济条件和环境影响的局限，早期主要采用综合性考察和观测得来的经验法进行灾害机理和预测方面的研究。但随着泥石流灾害的频发，泥石流的研究也逐渐深入，通过使用经验公式、半经验公式计算泥石流流速的方式已经得到了极大的推广，计算精度也逐渐细化。

2. 物理模型推导分析法

自然灾害的防治成为当今国际社会尤为重视的研究方向，同时研究重点转移到自然灾害的预测预报机制，其中预测泥石流平均流速的方法主要使用的是动力分析模型法，应用较为广泛的为连续介质以及混合介质模型。然而，基于连续介质力学、混合介质力学模型研究存在越来越大的局限性，两相模型的应用逐渐走向大众的视野当中。

3. 机器学习预测模型分析法

由于泥石流的发生具有不确定性和随机性，诱发因素间相互耦合，很难建立准确的物理机制模型。领域研究学者将泥石流研究与机器学习、深度学习相结合，得出了许多宝贵的经验，为预测模型提供了新的分析思路。

综上所述，受各种环境因素的影响，泥石流数据具有非线性和突发性。测量真实泥石流流速较为困难，无法保证测量的精准度，经验公式存在极强的区域性，并适用于普遍的泥石流沟壑，无法得到广泛应用。随着研究的深入，出现了较为主流的 Bingham、Voellmy 模型以及两相流模型，此类模型仍无法全面实现泥石流建模。当今是人工智能的时代，该领域研究学者开始进行多领域结合的研究，提出了许多基于机器学习模型的泥石流预测模型，充分体现出预测模型的普适性。然而，面对复杂多变的数据，传统的预测模型，如 BP、SVM、RF 等非线性理论模型难以获得较高的预测精度，并且大部分模型训练前对数据进行归一化和泛化处理，这样就减少甚至忽略了各影响因素的原始数值变化对流速大小的影响，最后的结果也只产生单一函数的映射和拟合。采用全新的多种类型深度学习融合的模型算法，探索一条泥石流流速预测的新途径，可以较好地解决当前泥石流数据量较少、数据获取困难且预测准确率较低的问题，实现过程中预测泥石流流速，并且预测准确度更好、误差更小。

对泥石流的预防要从以下技术层面进行。

①在进行交通设施规划建设时应尽量远离坡面泥石流高发区，如确实不可避

免，则要同时设计、同时施工、同时投产使用相关的预防性工程，并针对性地采取措施降低泥石流对交通设施的破坏。

②人民生活场所规划应尽量远离泥石流高发区，例如，坡底冲沟下游位置，凹型坡面，大量堆积土体的下方、低洼区，易形成集中水流的下游口等。

③做好植被保护，对坡面的植被等做好养护，避免火灾，严禁滥伐、开荒等引发水土流失的破坏环境行为。

④人工生产活动形成的坡面、弃土场、泄水口要做好防治工作，做好警示与围挡，并及时落实排导系统，以人工增加植被覆盖率等方式避免形成泥石流产生条件。

（二）预警技术

地质灾害严重威胁着当地居民的生命财产安全，因此防灾治灾工作十分重要。泥石流灾害预警作为工程减灾的重要而有效的手段之一，一直受到研究人员的重视。泥石流预警是泥石流预报和警报的统称，通过判断泥石流发生的时间、地点、规模、危害范围以及可能造成的损失，使危险区的居民及时得到预警信息，积极采取预防措施，达到保障人民生命财产安全、减轻灾害的目的。

近些年来，随着科技的不断发展以及国内外诸多学者对泥石流预警领域的更深入研究，有学者提出了"天地空一体化"的组合监测技术。"天"主要是指遥感卫星影像结合合成孔径雷达干涉测量技术实现大范围的监测；"地"主要是指地面传感器的小范围监测；"空"主要是指无人机对地面进行近地监测。目前该组合监测技术已成为泥石流灾害监测领域的新发展方向，下面分别描述基于"天"的合成孔径雷达干涉测量技术和基于"地"的传感器监测技术。

1. 合成孔径雷达干涉测量技术

随着科技的飞速发展，合成孔径雷达干涉测量技术被众多专家学者应用到泥石流监测预警研究中。合成孔径雷达干涉测量技术理论上可以监测到毫米量级的微小形变，该技术能够不受阳光、地质条件和气象条件的限制对全球进行大范围监测。其中，小基线集合成孔径雷达干涉测量技术是近年来应用于泥石流地表形变监测领域较为广泛的技术，该技术处理铁路区域不同时间的域遥感影像时可以获取相应的地表形变时间序列监测数据。

2. 传感器监测技术

地面监测技术主要是使用传感器监测设备，如雨量计、水位计、静力水准仪以及深孔测斜仪等，这些监测设备可以及时采集监测区域的实时变化数据。在泥石流监测预警领域研究中，雨量计配合水位计可以对监测区域的降雨量和土壤含水量进行在线采集，静力水准仪可以采集监测区域泥石流斜坡的相对沉降量，深孔测斜仪可以采集监测区域泥石流斜坡的相对位移量。

预警工作能够有效减少泥石流灾害引发的人员伤亡及经济损失，对泥石流的预警要从以下技术层面进行。

①通过宣传教育普及泥石流高发区的防灾避灾知识，提升保护意识。可以通过与居民联动，成立流动观察小组，居民成为流动观察员，通过经常性观察和互相提醒机制做好泥石流预警工作。

②设置软硬件综合的泥石流灾害预警系统。例如，气象雷达和气象卫星可以对降水情况进行实时监测，对达到警戒降雨量的情况进行及时通报，并通知到位及时避险。

（三）工程治理技术

采用生物与岩土相结合的方式重点治理已形成的泥石流产生区域，避免破坏高发区构筑物。

1. 排导工程

泥石流排导工程是指利用导流堤、顺水坝、排导槽、排导沟、渡槽、急流槽、明洞、改沟等工程，将泥石流顺畅地排入下游非危害区，控制泥石流对通过区或堆积区的危害。排导工程一般布设于泥石流沟的流通段及堆积区。

在泥石流沟或凹型坡面上设置截水沟，可以将坡面形成的水流以及流动堆积物进行有效拦截，排导到安全处置区域，并能够及时排水，有效预防水流堆积造成的泥石流。

建立排导沟引泄泥石流，保护泥石流高发区群众的生活生产安全，在进行排导沟规划设计时，要充分结合当地降雨降水数据以及相关地质灾害情况设计相应的排导规模，确保安全。

渡槽是泥石流导流工程的一个特殊类型，其长度远比排导槽短，而纵坡又大很多。渡槽通常建于泥石流沟的流通段或流通—堆积段，与山区铁路、公路、水渠、管道及其他线形设施形成立体交叉。泥石流以急流的形式在被保护设施上空的渡槽内通过，是防治小型泥石流的一种常用排导措施。由于泥石流渡槽为一种架空结构物，槽体依靠墩、墙支撑，槽身为空腹，构造复杂，施工困难，因此，渡槽通常只适宜于架空地势较为优越的中、小型泥石流沟。

泥石流明洞与渡槽类似，均属排导工程。当渡槽的宽度超过它的跨度后，往往被称为明洞。明洞顶上一般都有 1 m 以上的土层覆盖,故保持了沟床的自然形态。排泄泥石流的最大流量及漂砾直径均大于渡槽。

泥石流排导工程具有结构简单、施工及维护方便、造价低廉、效益明显等优点。排导工程虽可改变泥石流的流速及流向,使流体运动受到约束,但不能制约和改变泥石流的发生、发展条件。排导工程可单独使用或在综合防治工程中与拦蓄工程配合使用。当地形等条件对排泄泥石流有利时,可优先考虑布设排导工程,将泥石流安全顺畅地排至被保护区以外的预定地域。

2. 拦挡工程

拦挡工程是常采用的岩土工程治理技术手段之一,是指在泥石流形成的坡面上构筑与泥石流的流动方向相垂直的横向拦挡建筑物,在发生泥石流灾害时,可以有效拦挡滑动物中的固体物质并疏导浆体,因此可以综合实现拦渣、泄导、稳坡等多重功能,保障坡面安全也为下游导流起到一定作用,建设周期短,效果较为显著。

治土工程是指利用挡土墙、护坡、护岸、边坡、潜坝等拦挡、支护工程,同时辅以排导、截水等工程,稳定沟岸崩塌及滑坡,拦蓄泥石流的固体物质。其根本目的是减缓泥石流的流速,并起到一定的泄洪作用。常用的拦挡工程类型有以下几种。

①按几何形体分类,可以分为平面形坝和立体形坝。平面形坝结构简单,不宜过高,省材料,效用小;立体形坝结构复杂,越高越费材料,效用大。

②按结构形式分类,可以分为实体坝、轻型坝、格栏坝、混凝土结构坝、梁式坝、桥式坝、拱形坝、桩林坝、钢索坝、框架坝、笼装石坝、堆砌坝、桩基坝等。坝型随地形、地质、时间、地点、效用与经济能力、施工技术水平而定,与泥石流危害有关,一般以防冲、耐用、经济实惠为准。

③按使用材料分类,可以分为土坝、石坝、坞工坝、混凝土坝、钢筋凝土坝、金属坝、混合材料坝、木料坝、铁丝笼坝、竹笼坝等。使用材料就地取材、经济耐用。

④按受力状态分类,可以分为刚性坝、柔性坝、拱坝、重力坝、三维应力分析直线坝、支墩坝等。以受力条件稳定、安全性高为宜。

⑤按透水性能分类,可以分为透水性坝(格栏坝、网索坝、间隙坝等)和不透水性坝(土坝、实体坝等)。透水性坝的透水性强、可以减小动水压力与坝下冲刷,并能增强调节作用。

⑥按使用寿命分类，可以分为永久性坝（浆砌石坝、混凝土坝、钢筋混凝土坝）、半永久性坝（金属坝、格栅坝）、临时性坝（笼装石坝、木料坝、柴稍编篱填石坝）。半永久性坝经久耐用，能巩固效用，不增大危害，使用一段时间需加内补强，有后患；临时性坝只能作临时抢险救灾用，安全性小。

⑦按施工方法分类，可以分为现场制作（圬工坝、土坝、混凝土坝）和预制构件装配（格栅坝、框架坝等）。前者适合就地取材，后者制作质量好，但运输要求高。

3. 停淤工程

停淤工程治理是以平坦开阔的低洼地为停淤场，将泥石流引入停淤场后，泥石流因流速骤减而产生大量的固体物质停淤，从而消减流体中的固体物质总量及洪峰流量，减少下游排导工程及沟槽内的淤积量。在较缓地段的泥石流，可以通过淤积平台进行缓冲，降低流速，减小物质流对坡面的冲击，在工程实践中通常建设为台阶式，并结合拦挡工程共同发挥作用。

停淤场属不固定的临时性工程，设计标准一般要求较低，可将一次或多次拦截泥石流固体物质总量作为设计的控制指标，通常采用逐段或逐级加高的方式分期实施。

4. 生物工程

生物工程治理技术是采用生态手段对坡面泥石流高发地区进行治理，结合不同高发地区的当地生态情况、岩层地形地貌、植被结构、水文地质等特点，做好稳水固土等生态措施，具体可采用的方法有建设水源涵养林、种植水土保持林、对坡面沟道种植固沟稳坡防冲林、在滩涂低洼地区重视护岸护滩林等，并结合各类生物谷坊，建造生物篱等多种方式相结合的生物防护体系，实现用生态保护生态的可持续发展模式。生物工程治理技术是一种以绿化造林为主要方式的综合性技术，可以实现保持水土、保护环境、利用环境等多种功能。

生物治理技术是以生态学、植被学为理论指导，通过加强地表植被来稳固水土，吸收和截留雨水，从而有效滞洪固土、改善区域性水土环境的一种综合性治理措施。其主要以因地制宜为前提，根据区域性的生态环境结构特点来进行优化和完善，从而防止当地高发坡面泥石流的产生。①结合区域性植物群落的结构特点，当泥石流通过林区时，增加对泥石流的滞洪，使滑移物源与地面摩擦力增加，从而大大减缓含水物质的流动速度，有效减弱了泥石流裹挟和腐蚀岩层表面物质的能力。②通过植被根系的抓水力和穿透力，增加土壤和植被之间的联系，减少地表水源流失。③增强植被与土壤之间的整体性，增强岩层土体的抗蚀性，巩固松散土质。生物治理技术可以充分发挥植被群落的地表上下双重功能，不仅可以加强土壤之间的稳固程度，还能够发挥植被的地表阻滞功能，加强区域性生态环境的优化，效果显著。

生物治理泥石流具有如下特点：①应用广泛。只要能够提供植物生长所需条件即可采用，不容易受到地形地质和相关技术条件的影响，应用推广较易。②综合效益高。通过生物工程治理方式，不仅可以有效防治坡面泥石流，还可以促进生态恢复，达到人类与环境和谐发展共存的状态，满足我国可持续社会发展的要求，还能够提高区域性的生物经济收益。③防治效果持久。通过生物工程治理手段实现对泥石流高发区的防治管理后，可以达到长期治理的目标，并且可综合提升经济与环境效应。④生物工程的区域性。不同的地形地貌、气候环境下生物形态有其自身的区域性特点，有效利用在长期的形成条件下的自然生态环境规律，并结合区域性的人民生产生活特点，实现生物治理工程的多功能，既达到治理作用，又能够持续开发，增加当地综合收益，充分发挥其多样化的特点。⑤投资少、效益高，时间长，风险小。相比工程技术手段，生物治理方式成本较低，并且对生态环境的影响和破坏小，没有残值回收等问题，但是所需形成时间较长，需要一定时间的投入，一旦达到条件，防治效果显著且持久，并且没有相关的各类风险隐患，因此更适合长期可持续性的投入。

（1）林业治理

植树造林是国土整治、控制山地灾害、防治泥石流、造福子孙的战略决策。用生物生态观点指导山区建设，用环境保护意识发展山地经济，是防灾、抗灾、减灾和山区开发兼顾的最佳选择。

通过植树造林，在植被根系位置增强土质固结，增加土壤吸水，在地表上发挥冠林截雨作用。在实施林业治理时应注意因地制宜，根据经济与技术条件来实施不同的造林育林方式，如封山育林、飞播造林、人工造林等，提升森林覆盖度，对抑制坡面泥石流的形成和发展有重要作用。

林业防治主要包括水源涵养林、水土保持林、护床防冲林等。根据林业防治在泥石流防治中所起的作用及其对泥石流的形成条件产生的影响，包括：使地表层免受雨水冲刷，起到保持水土的作用；削减径流，截阻泥沙；森林植被削弱水动力条件，林冠截留雨量以及地表枯树落叶层截留雨量等作用。

林业防治对泥石流形成条件的影响，主要包括对泥石流的物源条件、水源条件的影响。

①对泥石流物源的作用。对泥石流物源的影响表现在林业防治能够拦截部分泥石流，减轻泥石流对下游的危害。林带能够有效拦截泥石流，导致泥石流发生堆积，泥石流的拦截效果与树木间隔和泥石流最大粒径有关。

②对泥石流水源的作用。林业防治对泥石流水源的影响主要体现在枯枝落叶层和林冠层能够截留雨水以削减形成泥石流的径流量以及枯枝落叶层对地表糙度会产生较大的影响，从而减小产生径流量的流速等，起到延长径流时间的作用。森林的枯枝落叶层具有良好的持水性，其最大持水量为自身干重的2.6倍，通过截流降水量来削减形成泥石流的径流量，以达到治理泥石流的目的。森林植被的林冠层能够拦截部分降雨量，从而减少地表径流量，防止地表土壤被侵蚀。在一定的降雨量范围内，林冠截留量随着降雨量的增加而增加。糙度反映了坡面薄层水流受到的阻力，糙度系数大小会影响坡面流速和冲刷力以及坡面汇流时间的长短。植被覆盖度与枯落物有着密切的关系，而枯枝落叶特别是密集草丛会对地表糙度系数产生较大的影响。

森林植被作为一种强有力的生物治理手段，在防止土壤侵蚀、控制泥沙等方面具有明显的生态效益。森林植被覆盖率高的地方具有巨大的减沙作用，且在小流域无森林植被的地方，土壤侵蚀严重，显然，植被的保水保土效益会随着植被覆盖度的增加而增高。

（2）农业治理

落后的耕作方式、陡坡垦殖、不合理的农田水利和坡地灌溉等，都可能导致泥石流的发生和发展。运用农业工程治理泥石流，一是采用特殊的耕作方法、改变地形条件、减缓坡度、增加地面粗糙度，以减小地表径流和流速、加强地面蓄水能力，起就地拦蓄水土的作用；二是在同一块农田种植不同的作物，利用其成熟期不同这一条件，使地面经常有植物覆盖，或利用其植株的疏密关系，防止雨滴冲击土壤；同时还可利用作物来改善土壤结构，增加土壤的保水能力。

由于农业生产具有很强的地域性，农业工程必须结合当地的实践经验，因地制宜地合理利用和经营土地，切不可生搬硬套异地经验，以免导致不良后果。

与林业措施类似，通过在坡面泥石流高发区种植农作物的方式，达到减少水土流失、稳固坡面土体的作用，并且还能够通过调整农业结构、优化农业种植方法，有效提升农业产量、改善水土流失。由于地理环境的差异性，农业治理的实施需要结合当地农业生产情况，并且会与人员有直接关系，因此需要进行充分的论证，使其与当地农业生产现状相吻合。

农业防治主要包括合理利用土地、改良农作物的种植方式、改善耕作条件、调整农业结构等方式。坡改梯工程作为一种典型的农业防治措施,其对治理坡面水土流失和坡面泥石流具有重要作用,可以减少地面径流,起到遏制泥石流发育的作用。

农业治理对泥石流形成条件的影响,主要包括对泥石流的水源条件、物源条件的影响。

①对泥石流水源的作用。在实施坡改梯工程后,地形条件发生了改变,使坡度减缓,可以减小对坡面的冲刷和增加降雨入渗时间,并且增加了地面的粗糙度,能够有效地减小地表径流。

②对泥石流物源的作用。坡地梯田化后会减少对田面的冲刷频率,土壤物质循环减弱,生物性和化学性物质积累增多。人们可以通过不断地改良土壤质地,增加土壤厚度,从而对土壤侵蚀量起到改善作用,因此会对泥石流物源的形成起到抑制的作用。

农业防治会对泥石流的水源条件、物源条件造成一定的影响,会抑制泥石流的发育,因此农业防治措施的面积越大,则对泥石流的治理效果也就越佳。

(3)牧业治理

在某些可以进行牧业工作的区域内,通过采取牧业措施可以提升地层表面的植被覆盖,同样可以对山区地区的坡面泥石流形成达到阻滞作用,并且还能够同步发展畜牧业。

在裸露地带增加草类覆盖面积,能减轻土壤侵蚀,控制冲沟的产生和发展,从而达到防治泥石流的目的。牧业治理的作用主要有如下几方面:其根系形成的蛛网,覆盖于坡地,既可避免雨滴直接击溅地表,又可有效地分散径流,且对土体具有强大的固持作用;具有较好的水土保持作用;牧草与灌木性饲料作物带状混交,具有更大的防护效益,不仅可以防止土壤侵蚀,而且灌木带起着对径流的缓冲作用和对泥沙的过滤作用。

牧业治理对泥石流形成条件的影响,主要包括对泥石流的物源条件、水源条件的影响。

①对泥石流物源的作用。牧业治理对泥石流物源的影响主要体现在其根系能够加强对土体的固持作用,能够有效地遏制土壤侵蚀、水土流失等,对泥石流物源的形成起到抑制的作用。牧业治理的主要作用机理是根系对边坡土体的三维锚固作用,是通过植物根穿过坡体浅层的松散风化层,锚固到稳定层,起到锚杆的作用,而土壤的抗剪强度作为植草类土体固结作用的一个重要指标,由于根系对土体抗剪强度的增强,使泥石流形成松散固体物质量减少。

②对泥石流水源的作用。牧业治理能够改善土壤理化性状，主要表现在以下几个方面：降低土壤容重，提高土壤孔隙度，增加土壤的蓄水量；提高非毛管孔隙度，增强土壤渗透性能，相应地增加土壤入渗量；提高毛管孔隙度，增强土壤保水性能等。牧业治理能够对泥石流水源条件的形成起到抑制的作用。

牧业治理会对泥石流的水源条件、物源条件造成一定的影响，会抑制泥石流的发育，因此牧业防治措施的面积越大，则对泥石流的治理效果也就越佳。

5. 生态工程

我国山区地质环境复杂多样，构造活动强烈，生态环境脆弱，加之频繁发生的极端降雨事件，使得我国山区地质灾害频繁发生，其中泥石流灾害分布范围广、发生频率高、造成的损失大，因此科学有效地防治泥石流灾害成为国家的迫切需求。生态工程治理是防治泥石流灾害的重要手段之一，生态工程措施可治理的范围较广、与岩土工程相比易实施且投资较少，同时还可以兼顾生态环境保护。

植被因参与水循环而影响地表水文过程及泥石流过程是实施泥石流灾害生态工程防治的关键。植被根系能够增加土壤黏聚力和土体的抗侵蚀能力，并通过增加蒸散发降低表层土壤的水分含量，提高斜坡的稳定性，降低滑坡、土壤蠕变等灾害发生的概率。植物根系能够改变土壤水分的分布方式、增加土体的抗剪强度，是植物能够固坡的主要原因。乔、灌、草等不同植被类型均能增强松散堆积物和土壤的抗侵蚀能力、整株抗拔及根土复合体抗剪强度，从而影响泥石流启动。以上基于植被措施的生态工程在控制浅层滑坡、坡面和沟道松散堆积物等方面具有一定的作用，是传统岩土工程方案的有效补充。植被能够对径流的形态产生一定的影响，植物的地上生物量变化可以影响水流的水动力特征和泥沙输送过程，进而影响河流形态和地貌的演化。植被和径流形态之间的相互作用较为复杂，在洪水期间，一定面积的植被斑块可以捕获并稳定沉积物，通过构建先锋地貌促进其他植物物种的定植，而植被本身可以增加沟床局部粗糙度，为物质沉积提供有利条件，降低洪水的搬运和侵蚀作用，从而降低泥石流危害程度。

以植被恢复为主的坡面生态工程模式不仅可以推动泥石流生态工程治理措施的实施，有效遏制泥石流灾害的发生，还可以改善生态环境，为居民带来一定的社会、经济效益。坡面生态工程需要辅助设立一些水土保持措施，如鱼鳞坑、水平沟、水平阶等，以此来提高土壤的抗蚀性、减小径流与泥沙的输入，加强水分入渗，提高地表植被的成活率。

①在坡面上实施退耕还林还草的生态工程对改善流域生态环境、治理泥石

流灾害具有重要意义。退耕还林还草对于泥石流坡面治理具有重要性，因为这样做可以明显减小地表径流深。退耕还林还草生态工程对于抑制泥石流具有重要的作用，相对于灌丛和草地，林地保持水土和涵养水源的能力更强，对泥石流的抑制作用更大，因此，对流域内坡耕地实施退耕还林还草的政策可以有效减少水土流失。

②自然植被作为生态系统的重要组成部分参与调节地球上的各种关键的循环过程，恢复自然植被对于改善脆弱的生态环境具有重要的价值，而恢复自然植被对调节极端的气候条件也有一定作用。因此，采取合理的恢复自然植被治理措施有助于保护土壤，增加和维持土壤肥力，也能够增加生物多样性，调剂干热河谷气候和优化生态水文过程，在提高该区域生态系统功能的同时，达到遏制泥石流灾害的目的。

③耕地作为一种宝贵的有限资源，其重要程度不言而喻，一旦人们失去了可持续种植的方式和可耕种的土地，便会失去赖以生存的粮食，这样的结果会使得无数家庭流离失所。保护耕地能够保证粮食安全、提供基本的环境效益、维持社会稳定，同时保障山区人们的生产生活方式不受影响。鉴于耕地的不可替代性，我们必须合理地规划使用耕地，这样做也符合国家对于基本农田的保护政策。

三、泥石流灾害防治措施

本着"以人为本"的原则，对于可能危及人民生命财产、重要乡镇、居民点、重要的交通干线、重要工矿企业安全的泥石流灾害，在结合泥石流灾害防治的总体目标并且参考泥石流危险性分区的基础之上，本书提出了泥石流灾害的防治措施的建议。

（一）强化基层的防灾能力

应该加大培养泥石流灾害防治的基层力量，并采取政府采购或合作服务等方法建设基层泥石流防控的团队。家家户户要核发防灾工作明白卡并且要逐户、逐人实施避险的防护措施。做好防治预案制定到村社、应急方案编制到点、抗灾举措落实到个人，务必严格执行泥石流灾害值班制度，严格履行汛期昼夜值班、领导带班与灾情速报制度，要强化各乡镇领导包村、村领导包组以及群众自主观测的管理方式，并且将泥石流灾害的群测群防监测网络进行不断的完善。自然资源主管部门以及气象管理机构在预警预报工作的同时，也要进一步提高精细化预测的管理水平。各个乡镇人民政府应当在县政府有关部门的统一指挥下，组织在各辖区泥石流灾害隐患点对遭受危险的民众进行紧急预案演习。

（二）完善防治工程

在活跃度较高的泥石流沟以及具有较高危险性的泥石流沟谷内修建适合流量变化以及规模变化的复合式排导槽，用来满足不同的地质环境条件以及排导的要求。例如，可以根据稀性泥石流的最小容重以及黏性泥石流的最大容重进行规划流通段的坡度，同时也要加强外围的稳定措施用来增强下覆土体的稳定，从而保证排导断面的底部不让泥石流冲刷破坏，改变泥石流的流速。

（三）加强宣传工作

把泥石流灾害的防治知识在区域范围内的学校加以宣传并且进行普及，同时也要加强群测群防的工作，全面提高各层级防治泥石流灾害的水平。发挥好区域团委、工会等团体组织在动员人民群众及宣传教育工作等方面的积极引导作用，也要鼓励群众以及社会其他社会团体来关心与支持泥石流灾害的防治工作，区域内的各个乡镇政府要在各辖区内积极地开展泥石流的抗灾常识的宣讲工作。

第六章　地面沉降灾害分析与治理技术

地面沉降变化较为缓慢，是一种常见但不易发现的地质灾害，会直接或间接地阻碍社会稳定发展，威胁着人民生命财产安全和赖以生存的环境，其危害不容小觑。为减少地面沉降带来的灾害，需要全面、综合地对不同区域的地面沉降进行监测管理，统筹规划城镇建设，为科学制定地面沉降治理方案提供依据。本章分为地面沉降灾害分析和地面沉降灾害治理两个部分。

第一节　地面沉降灾害分析

一、地面沉降的概念及分类

地面沉降是指在自然或者人为因素的作用下，地表局部标高降低的一种地质现象，又称为地陷。地面沉降生成速率缓慢、持续周期漫长、成因机制复杂、影响面积广，且难以防治，是当前普遍存在的地质灾害之一。地面沉降对地下资源的利用、城市建设的发展、人们的日常生活等方面都会造成不同程度的影响。

目前，我国乃至全世界大多数城市都发生过不同程度的地面沉降，严重破坏了城市的发展，对规划建设、生活环境影响巨大。对此，加强沉降监测，根据监测结果进行分析，研究防治措施对灾害防控非常重要。

造成地面沉降现象的原因众多且十分复杂。地面沉降具有以下特点：地面沉降形成过程十分缓慢，短时间内不易被察觉，往往发生到一定程度导致一定工程破坏现象时才被广泛重视；过度地开采地下水资源造成的地面沉降影响波及范围广，会造成极大的损失；发生地面沉降后，会永久地降低地面工程，其过程不可逆且难以恢复原状。

地面沉降主要分为构造沉降、非构造沉降和复合型沉降三种类型。

构造沉降是由地壳运动引起的地面下沉现象，包括伴随地壳隆起、凹陷、断裂活动和其他构造变形产生的地面沉降现象。构造沉降的特点是沉降范围大，一般沉降速度较为缓慢，而且不为人类活动所控制。

非构造沉降（多指抽水沉降）是指因长期超量抽汲地下水和建筑物荷载过重引起的地面沉降。这是地面沉降中发生最普遍、危害最严重的一类。油气资源开发也会引起地面沉降，但沉降程度一般没有地下水开采区的沉降那么严重。

复合型沉降是指地面沉降与地裂缝伴生的类型，即非构造沉降和构造型的地裂缝相伴生，这类沉降在断陷盆地内最为显著。

二、地面沉降灾害形成的原因

地面沉降的本质是应力作用下的地表土层压缩而引发的局部形变，它是一种复杂的物理表象。具体来说，造成地面沉降的原因主要有两种，一种是自然原因，另一种是人为原因。

（一）自然原因

自然原因主要包括土体的自然作用、新构造运动、海平面上升以及地震作用等。

1. 土体的自然作用

软土层是在地理环境变幻、气候等种种因素综合作用下形成的土层。通常根据成因将其划分为三大类：海相、河流相和湖相沉积土层，各种冲积相形成的土层，人工填土类土层。不同成因的软土，其物质组成、物理力学性质均有一定的差异。在我国地势低洼、平坦的长江河漫滩平原地带，水流网络纵横交错，通常会形成洪水冲击的漫滩相软土。这种地区的软土层成分一般是软塑或流塑状的细粒土，如淤泥和淤泥质土、黏性土、粉土等。随着时间的增长，土层在有效自重应力的影响下，土体逐渐压缩，同时部分孔隙水从土中排出，应力相应传递到土骨架，会导致释水压密固结，从而发生沉降。

物质材料通过不同的媒介运输后沉淀，在重力或者外界环境影响的多方作用下，地层中的水分逐渐地被排尽，地层随之硬化，承受来自各方的压缩后土层的厚度渐渐变薄。在整个地质历史时期中，地层在竖向上承受的最大有效应力是前期固结压力，土层的固结程度可以按照其与自应力之比分为三种状态，即欠固结、正常固结、超固结。

欠固结的土层在重力或者外界环境影响的多方作用下，地层中的水分并未被排尽，在持续受重力或者外界环境影响的多方作用下，地层中的水分才会慢慢排尽，地层开始慢慢硬化固结，土层的厚度慢慢变小，从而产生地面沉降。当欠固结的土层慢慢转化为正常固结的土层时，前期固结压力与自重应力相同，此时力的作用达到平衡，地面沉降现象就结束了。

2. 新构造运动

地球上发生的地壳构造运动被称为地壳新构造运动，根据不同新构造运动所体现的形态和性质，通常可将其分为五种类型：挠曲运动、断块运动、活褶皱、活断层以及火山和地震引起的地壳变形。该类形变发生缓慢，对人类生活影响较小。地壳新构造活动是目前发展时间最长的沉降驱动因素。受新构造运动的影响，同一区域内会出现差异巨大化的地貌景象，并且还存在相当剧烈的地势差异，这就导致会受构造运动的影响产生地面沉降。

3. 海平面上升

海平面上升导致的地面沉降是指地面标高的相对降低，通常发生于我国的长江三角洲地区。与其他因素引起的地面沉降相比，海平面上升而导致的地面相对下沉一旦发生就难以恢复，且对沿海城市造成的危害更大，如导致海水倒流、洪涝灾害发生以及土地被淹没等。

4. 地震作用

处在地质环境复杂的地带，断裂纵横交错，且新构造运动活动强烈，这些因素都会对研究区内的地震活动造成极大的影响。通常来说，地面沉降是一个极其缓慢的过程，但是地震不同，它可以在瞬间引起地面高程的剧烈变化。

（二）人为原因

由于人类对自然环境的长期破坏，人为因素已经远超自然因素成为导致绝大部分地面沉降的主要原因。人为原因主要包括地下水过度开采、建筑荷载压力、动荷载压力等。

1. 地下水过度开采

地下水开采与地面沉降有着密不可分的关系，当开采井持续进行抽水作业时，首先发生了含水层的弹性释水，此时承压水头逐渐由潜水含水层底板上部下降至承压含水层顶板与潜水层间，弱透水层不断运移导致颗粒流失，构成了地面沉降的大部分形变值。

地下水资源的过量开采仅仅是产生地面沉降的外因，地面沉降的本质原因在于松散未固结土体的压密。在工程施工过程中，地下水的开采使得土体体积压缩，土层中孔隙水压力降低，隔水层受到的有效应力增加，进而发生压缩变形，形成大面积的不均匀沉降。

开采地下水会打破地层中的地应力平衡，导致地面沉降。正常情况下，地层中的地应力处于一个平衡状态。当开始开采地下水时，孔隙水压力减小，饱和土总应力不变，那么有效应力必然增大，土颗粒间空隙变小，含水层厚度变小。当含水层水量得到补给后，孔隙水压力增大，有限应力减小，土颗粒间空隙变大，含水层厚度恢复，这个过程是弹性形变，会造成短暂的地面沉降。当过量开采地下水时，含水层水量得不到及时补给，土颗粒间发生相对位移，含水层厚度得不到恢复，这个过程是塑性形变，会造成永久性的地面沉降。

2. 建筑荷载压力

建筑荷载压力产生地面沉降的原理与土层致密压缩原理一样。在不稳定的地基作用下，由于地基的承压作用，随着时间的推移，地基上的土层会越来越致密，地层中的水分逐渐被排尽，地层开始慢慢硬化固结，承受压缩后土层的厚度渐渐变薄，当土层中的水分全部排出时，土层达到稳定状态，地面沉降结束。

不断增加的城市高层、超高层建筑会显著增加地面荷载，从而引起地面沉降，特别是在具有深厚软土层的沿海地区。近年来，随着城市的快速扩张，兴建了大量高层、超高层建筑，建筑密度和建筑容积率显著提升。此外，能源、通信、交通等市政基础设施的相应增加，也导致地面动荷载、静荷载引起的沉降效应逐渐明显。这些因素导致地基土层形成一个大面积的应力场，加剧软土层压密固结，土体产生压缩变形且出现不同程度的地面沉降。

3. 动荷载压力

现实生活中所能产生的动荷载来源主要就是交通或者工程施工等。在动荷载的扰动下，岩土体的强度会比以往在静力作用下有所减小，扰动过大时，就会减小岩土体的内聚力，破坏岩土体结构，致使其变形或者完全破坏。岩土体破坏后，其剪应变加大，在动荷载的不断扰动作用下，岩土体动剪切模量减小，导致岩土体压缩系数增大，最终产生地面沉降。

为了满足经济发展的需求，诸多深基坑、地铁、地下商场、地下停车场不断在我国开工建设，这些地下工程缓解了城市交通、空间立交等问题，但其所带来的地面沉降问题是不可避免的。地下工程施工引起地表变形主要源于地层结构被破坏，隧道围岩受到扰动或岩土体地再固结都会引起沉降的发生。一方面，为了弥补地层的损失，隧道周围的土体会发生相对移动，从而发生地面下沉；另一方面，在含水地层进行地下工程建设，大量的地下建筑阻碍了地下水的相互流通，造成地下建筑周围的地下水水位高度不同，也将引起地面不均匀沉降。

三、地面沉降造成的危害

随着现代化工、农业生产的迅猛发展，地面沉降已成为经济社会可持续发展的重要制约因素。地面沉降会直接导致地面高程损失、测量标志和测量成果被破坏以及高程资料大范围失效，对防洪排涝、土地利用、城市规划建设和铁路交通等造成严重危害。地面的不均匀沉降会导致建筑物受损以及大规模市政基础设施被破坏；地面沉降还会影响河道的输水，造成城市内涝严重。

（一）造成测量基准点失效

受地面沉降的影响，水准点的精度和稳定性会大幅下降，从而丧失其应有的作用，还得消耗人力物力来重建或修正，造成资源的严重浪费，而在未出现地表塌陷的区域，则大大增加了测量费用。

（二）损失地面高程资源

地面高程是经济发展和人类活动的重要财富，它直接关系到社会经济的建设和国民经济的发展，是重要的基础资源。由于地面沉降引起的地表高程资料丢失，不仅会影响社会经济发展，而且还会增加灾害发生次数，对人们的生活和社会经济都有一定影响。

（三）破坏市政设施

地面沉降是一种在一定区域内地表高程不断下降的地质现象，高发于城市区域，且地面沉降会破坏城市的基础设施，制约了城市的土地开发、设施规划布局、地下空间的有效利用，危害较大。

市政设施关系到城市的运转以及人民生活的便捷程度，完好的市政设施才能在城市的运营和人民日常生活中发挥重要的作用。但是城市地面沉降的出现使市政设施遭到了破坏，城市道路被破坏会导致交通瘫痪，管道线路被破坏会造成停水停电。

（四）造成地基下沉

地面沉降作用在房屋上主要的表现就是地基下沉致使房屋倾斜甚至开裂，严重时甚至会导致房屋倒塌，严重威胁居民生命财产安全。

（五）加重城市内涝积水

随着地面沉降灾害的发生，很多城市出现了多雨天气，市区出现了大量的积水，严重影响了人们的日常出行和生活。城市暴雨内涝作为影响全球城市公共安全的主要自然灾害之一，同时也是制约城市经济建设与社会可持续发展的重要影响因素。其中超标准降雨是导致我国城市洪涝灾害发生的主要原因，具有强度大、致灾快、范围集中的特点，且发生频率正持续增加。而我国城市内涝防治标准普遍偏低，一旦发生超标准暴雨，现有标准偏低的洪涝防御体系必然难以有效应对，如果无法提前做出有效的防御措施，将对人民生命财产安全及社会经济可持续发展造成严重损害。

（六）破坏桥梁工程

地面沉降会引起桥梁不稳定和沉陷，使桥基部分承受较大的压力，当压力过大时可能会造成桥梁破坏，产生的后果不堪设想，不仅会降低河床自身和沿江工程的利用价值，而且还会给水上工程带来很大的风险。

第二节　地面沉降灾害治理

一、地面沉降灾害治理相关技术

（一）地面沉降监测技术

地面沉降监测手段多样，数据类型多样，监测周期长，数据量大且复杂。对地面沉降及相关参数进行监测，是预防和防治地面沉降灾害的重要基础。

1. InSAR 技术

合成孔径雷达干涉测量（InSAR）技术能较为轻易地获取大范围地面沉降信息，天气、地形等外部因素对其影响不大，对于测量人员难以达到的地区也能实现监测，并且其得到的厘米级甚至毫米级精度的形变数据，完全能够满足生产生活中的使用。

合成孔径雷达干涉测量技术的主要理念是通过卫星在不同的时期获取同一区域的信号相位信息，通过相位差来计算地表高程信息。由于合成孔径雷达干涉测量技术具有高精度、全天时、全天候等特点，被广泛应用于地面沉降等地质灾害中。

在应用合成孔径雷达干涉测量技术进行地表形变监测时，会存在很多误差项干扰结果，为了获取更理想的监测结果，可以总结削弱相关误差影响的方法，这对于合成孔径雷达干涉测量技术的观测数据处理有一定的助力。

①失相干误差。其主要指目标物反射特性变化、雷达热噪声、雷达天线侧视角导致相干性变差。失相干误差主要包含以下六类：数据处理误差失相干、热噪声失相干、多普勒中心失相干、散射体失相干、几何失相干、时间失相干。

②大气延迟误差。地球大气中的电离层和对流层因其内部介质分布并不均匀，从而对经过其中的卫星信号产生了干扰，影响卫星信号的传播路径、速度并使信号传播产生了延迟。大气延迟相位较大地干扰了真实相位的获取，为此需设法清除。目前削弱大气延迟相位的主流方法有两种：第一种是大气校正法，利用外部独立大气观测数据减去解缠结果中的大气气相位；第二种是利用合成孔径雷达干涉测量图集自身特性并应用统计方法校正大气，包括永久散射体法和随机滤波法等。

③轨道误差。这主要是不精确的卫星轨道数据导致的，其也是对结果影响较大的误差之一，所以在数据处理前，需要用精密星历轨道数据进行校正。目前主要利用地面控制点及干涉图残余相位与干涉对空间相关性进行基线估算。

④数字高程模型（DEM）误差。在合成孔径雷达干涉测量技术得到初始相位中存在地形相位，为了生成模拟地形相位以此来抵消干涉相位中存在的地形相位，需要借助数字高程模型进行相应的模拟工作。数字高程模型误差主要由三个因素造成：地表形变发生在获取数字高程模型数据和观测影像的时间间隔之中、数字高程模型本身的分辨率不高、由于合成孔径雷达主影像和数字高程模型的数据分辨率不一致导致了配准误差。

⑤相位解缠误差。将观测得到的缠绕相位处理为绝对相位的过程被称为相位解缠。由于观测区域形变过大、相干性低、地形导致的阴影和叠掩等原因，在数据处理的过程中会产生解缠误差。相位解缠在合成孔径雷达干涉测量技术数据处理过程中较为关键，通过引入最小费用流方法可以有效减弱解缠误差。

⑥地理编码误差。为了将合成孔径雷达影像从斜距多普勒坐标系转换到地图投影需要进行地理编码。在进行地理编码的过程中，主要存在以下误差：在转换时进行了数据重采样和空间插值，这些操作会导致粗差的产生、数字高程模型平面位置不准。对于第一种误差需采用合适的重采样和插值技术，第二种误差可通过选取地面控制点减弱。

2. D-InSAR 技术

差分干涉测量（D-InSAR）技术是从合成孔径雷达干涉测量技术发展而来的，可应用于地表形变监测，且精度可达厘米级。

（1）D-InSAR 技术的分类

发展至今，差分干涉测量技术可根据处理所需影像数及去地形相位的方法分为三类，即二轨法、三轨法、四轨法。

①二轨法。该方法的核心思路为分别获取两景覆盖相同研究区域的合成孔径雷达影像并进行干涉处理，其中一幅于研究区域产生形变前获取，另一幅则于形变产生之后获取。之后借助外部独立数字高程模型数据去除解缠结果的地形相位。这种方法的主要特点是涉及数据少且数据较易获得。不足之处是由于引入了数字高程模型数据，会将数字高程模型本身所带的误差代入结果；同时在数字高程模型和合成孔径雷达影像配准时由于分辨率的不一致也会产生配准误差，因此需要使用精度较高的数字高程模型数据。

②三轨法。该技术需要三幅涵盖目标区域的合成孔径雷达影像数据用以替代外部数字高程模型数据，其中两景合成孔径雷达影像于研究区产生形变前获取，影像间进行差分可获取地形相位，另一景影像则需于形变发生后获取。三轨法的特点是配准精度较高，但是其受两次解缠结果的影响较大，因此只能选择较短的时间基线。三轨法并不能将大气相位等误差去除，将会影响最终的处理结果。

③四轨法。四轨法使用四景时期不同且覆盖相同研究区的影像，其中形变生成前的影像需要三景，形变生成后的影像需要一景。其处理方法与三轨法相仿，借助形变发生前的两景数据进行干涉处理生成数字高程模型数据，之后将形变发生后获取的影像进行干涉处理获取相位结果，并用数字高程模型数据差分去除结果中的地形相位，最终获得形变相位。四轨法的提出是为了解决三轨法受时空基线限制太大的问题，但其没有公共主影像，较难配准。

（2）D-InSAR 技术的处理流程

差分干涉测量技术的处理流程如下：

①影像配准。由于两景影像在成像时入射角、航向角、轨道可能有所不同，成像时在方位向和距离向会有微小的变化，为确保两幅影像的干涉像素处有相同的像点坐标，首先需对两幅影像进行配准处理。通过坐标转换和重采样使得主从影像的偏移尽量减少，通常配准精度达到 1/10 个像元可满足需求。

②干涉处理。将配准完的主从影像的像素点通过共轭相乘得出每一个相同位置像素点的相位差，并生成干涉图。通过互相关计算可以得到相干系数图，相干系数范围为 0～1，相干系数越大表示两个同名像素点越相关。

③去平地效应和地形相位差分。在卫星成像时，其传感器至相同的观测点距离不同而引起了系统性的干涉相位，这被称作平地效应。干涉条纹的密度受到卫

星高度、入射角、空间基线等因素的影响。为减少对后续相位解缠的影响，需去平地效应，可通过数字高程模型模拟地形相位、借助卫星轨道计算平地相位来将其去除。

④干涉相位噪声滤除。由数据处理、失相干、大气等因素产生的噪声会影响到干涉条纹的连续性，为了使后续相位解缠更有效、准确，需将这些噪声滤除，以此提高干涉图中的信噪比。通常可采用的滤波方法有中位值平均滤波法、自适应滤波算法等。

⑤相位解缠。合成孔径雷达干涉测量技术获取的相位信息由于周期性而产生了相位缠绕，只留下了（$-\pi$，π]的主值。为获取观测地物的形变量，需将这些相位加上 2π 的整数倍将其恢复成绝对相位。目前主流解缠方法主要有最小二乘法、多级格网法、枝切法、最小费用流法等。

⑥基线精化和地理编码。由于卫星轨道参数不够精确且卫星重复轨道不是完全平行的，需利用地面控制点将基线精化，之后再次进行干涉、滤波、解缠处理。此后得到的处理结果处于合成孔径雷达影像坐标系当中，为方便后续展开研究工作需将结果转换到地图坐标系中，因此需要进行地理编码，在这一步骤中还可校正收缩、叠掩等问题。

3. PS-InSAR 技术

永久散射体干涉测量（PS-InSAR）技术能够探测到毫米级的地表形变，同时计算时间序列上的变形速度，其基于分析高相干性点目标需要在研究区域内筛选出一系列稳定点（PS），所以依据其技术特点判断该方法适合用于探测城市区域地表形变或者干涉和辐射条件都相对稳定的区域地表形变。永久散射体干涉测量技术只采用一种线性模型探测形变，故其结果与线性形变相关。

永久散射体干涉测量技术方法的核心思想是分析点目标，在监测时间段内筛选特别稳定的目标，即稳定点，一般源于人工建造的，如桥梁、房屋等，几乎不受时空失相干影响，在几个月甚至几年内仍然保持高相关性和稳定的散射特性。采用单一主影像方法将得到的合成孔径雷达影像进行配准，获得时间序列上的干涉对。根据每个像元的相位分量组合，辅助数据依然选择数字高程模型和轨道数据。对每个稳定点建立不规则三角网，并采用邻域差分建模方法进一步克服大气延迟和轨道误差的影响。

永久散射体干涉测量技术是基于覆盖相同目标区域的多景合成孔径雷达影像数据，生成时间序列干涉影像对，并在干涉图上获取不受时空失相干及大气延迟影响的稳定点目标，将提取的点目标上的地形相位剔除，从而达到监测地表形变的目的。永久散射体干涉测量技术数据处理的基本流程如下。

①时序差分干涉图生成。首先基于时空基线、多普勒质心频率优化选取其中一幅作为公共主影像，其余的影像作为从影像分别与主影像进行配准处理，生成时间序列干涉图。将平地相位去除后，借助数字高程模型数据模拟地形相位进行差分干涉，去除地形相位的影响。

② PS 点选取。根据合成孔径雷达影像的相位信息、幅度信息在时间序列上的稳定性，便能从中提取到许多具有高相干性、稳定的点，即永久散射体。在进行差分干涉处理的同时，通过一定的测度，如振幅离差指数阈值法，选取出 PS 点。振幅离差法是用幅度的稳定性来近似表示相位的稳定性，主要是对时间序列影像上的每个像元进行统计计算，并且设置一定的阈值便能较为准确地提取 PS 点。

③相位解缠。选取 PS 点后，估计其线性形变相位及数字高程模型误差，并从初始的差分干涉相位中剔除，得到的残余相位中包含了大气延迟相位、噪声相位以及非线性形变相位，并对 PS 点的残余相位进行相位解缠。

④时间序列形变量计算。在空间域和时间域上，残余相位中的大气延迟相位和非线性形变相位的频率特征表现不同。因此，通过空间域和时间域的滤波可以将大气延迟相位和非线性形变分离出来，并滤除噪声相位，最终得到 PS 点上的时间序列形变结果。

4. SBAS-InSAR 技术

小基线集（SBAS-InSAR）技术与 PS-InSAR 技术相比，在合成孔径雷达影像数量上的要求降低了，并且能有效地降低时空失相干的影响。该技术通过设定时空基线阈值，满足要求的合成孔径雷达影像自由组合形成若干个集合，使用最小二乘法获取单个小基线集合的时间序列形变，再由奇异值分解法对基线集合进行联合解算得到满足最小范数的最小二乘解。小基线集技术的核心思想是形成多主影像的短基线合成孔径雷达影像集合，同时会选出一幅超级主影像。数据集有很多个小集合，小集合内部基线很短，各集合之间基线很长，从而可以获取更高的数据采样率。

小基线集技术的基本原理如下：获取时间序列合成孔径雷达影像数据，并且覆盖同一研究区域；选取其中一景为主影像，其余的作为从影像与主从影像进行配准；设置一定的时空基线阈值进行干涉组合，获得小基线集合。

小基线集技术数据处理流程如下。

①差分干涉图生成。首先任意选取其中一景影像作为主影像,其余的影像作为从影像与该主影像进行配准。设置一定的时空阈值,所有满足时空阈值范围的 SAR 影像对自由组合生成干涉图集。去除平地相位后,将数字高程模型数据与主影像进行配准,模拟地形相位并去除后得到差分干涉图。

②相干目标点选择。在对合成孔径雷达影像进行干涉处理的过程中会生成相干图,以相干系数图为基础,在差分干涉图中较为稳定、没有形变的区域选择相干性高的控制点,此点便成为形变信息对比参考点。

③相位解缠。通过对差分干涉图进行自适应滤波来降低由于失相干引起的噪声等,利用上一步中选取的高相干点,对滤波后得到的干涉图进行相位解缠。

④时间序列形变量计算。构建矩阵方程,基于奇异值分解方法对解缠相位估算高程误差和平均形变速率,结合最小二乘法和奇异值分解方法对残余相位中的失相干噪声相位和大气延迟相位进行去除,得到非线性形变速率。结合线性形变速率和非线性形变速得到不同影像获取时间序列间的地表形变速率结果。

(二)地面沉降工程治理技术

1. 人工回灌

人工回灌是指将多余的地表水、雨洪水或再生水等通过地表自然向下入渗或者人工回灌井注入地下,从而有效补给地下水。一般而言,人工回灌地下水主要有两种方式:一种是在透水性较好的土层上通过修建砂石坑、修建入渗池、铺设透水管、渗水井等增渗设施或铺设透水地面等方式进行回灌;另一种方式就是井灌。前者是人工回灌的最简单形式;后者适合于地表土层透水性较差,或地价昂贵、没有大片土地用于蓄水,或要回灌承压含水层,或要解决寒冷地区冬季回灌越冬问题等情况。

利用城市雨洪水进行地下水人工回灌一方面可以有效缓解由于地下水超采所导致的地面沉降、地裂缝、海水入侵等环境地质问题,另一方面可以减缓由于极端降雨事件所带来的城市内涝问题。

人工回灌要具备以下两个条件:①水文地质条件。对是否可以进行人工回灌起到控制作用。水文地质条件包括含水层的可利用容积、埋藏深度、导水和储水能力以及径流条件等。人工补给含水层的厚度较大、含水层产状平缓、广泛分布渗透性能中等的各类砂质岩层或裂隙岩层时,最适合于人工回灌。②回灌水源。是否可以采用人工回灌,水源条件起到决定性作用。回灌水源主要包括地表水、降水、经过处理的城市污水。在我国南方河网地区,人工回灌水源问题主要有取水远近、水质好坏、净水难易、费用高低等问题。通常，河流、水库和回用的城市污水可以作为人工回灌水源。在考虑以上两个主要条件的基础上，是否利用人工回灌来治理地面沉降还要考虑工程投资以及工程方案在其他方面的综合效益和对环境可能带来的影响。

人工回灌治理方式有两种，即直接回灌补给和间接回灌补给。

第一，直接回灌补给是指以单纯的人工回灌为直接目的，包括管井注入法和地面入渗法。

管井注入法是通过钻孔、井孔等通道直接将回灌水注入地下含水层的一种方法。管井注入法的主要特点有如下几个方面：①不受地形条件限制，也不受弱透水层分布和地下水位埋深等条件的限制。只要有井孔揭穿要回灌的含水层，就可以应用此法来进行回灌。②占地少、水量浪费少，可以通过井孔对指定含水层进行回灌。③地面气候变化等因素对回灌工作不易产生影响。④由于水量通过井孔集中注入，管井及其附近含水层中流速较大，易导致管井和含水层产生泥沙阻塞。由于回灌水由井孔直接灌入，缺乏上覆岩土层的过滤作用，回灌水可能影响含水层的水质，回灌时需配备专门的水处理设备、输配水系统和加压系统，使治理和管理的费用增大。

地面入渗法（即浅层回灌法）是指利用天然洼地、沟道、古河床、旧河道、较平整的草场或耕地，以及水库、坑塘、废弃砂石坑、引水渠道或开挖水池等地面集（输）水设施，常年或定期引、蓄地表水，利用天然水头差，使地表水自然渗漏补给含水层，达到回灌含水层的目的。地面入渗法的优点是可因地制宜地实施，并充分利用自然条件；可以用简单的工程设施和较少的投资获得较大的入渗补给量；易于清淤和便于管理，故能经常保持较高的渗透率。地面入渗法的主要缺点是设施占地面积较大，易受地质、地形条件的限制；补给水在干旱地区蒸发损失较大；可能引起附近土地盐渍化、沼泽化或产生浸没灾害。地面入渗法主要适用于地形平缓的山前冲洪积扇、河谷平原冲积层的潜水含水层分布区以及某些基岩台地和岩溶河谷地区。为增大补给效率，地面入渗法要求地表具有透水性较好的土层，如砂土、砾石等。接受补给的含水层应有较大的孔隙、孔隙度和较大的分布面积，并有一定的厚度。要求入渗区与取水建筑物之间有一定距离，以保证补给水在到达含水层之前能更好地得到净化，以满足水质要求。

第二，间接回灌方法是指在修建其他工程时所起到回灌作用的方法，包括人为修建水库，抬高了地表水的水位，加大了地表水与地下水的水位差，增加地表水的入渗量；进行农田灌溉时，过剩的土壤水下渗，形成对地下水的补充；城市绿化及植树造林增加了地表水分的涵养，也改变了气候和降水的入渗条件，增加地下水的补给。

为了防止对地下水的污染，在进行人工回灌时，回灌水的水质必须满足一定的要求，主要控制参数包括微生物指标、无机物总量、重金属、有机物等。回灌水的水质要求因回灌地区水文地质条件、回灌方式、回灌用途不同而有所不同。目前我国未正式颁布人工回灌水质标准，通常，对于回灌水质，应根据不同的用途而有不同的要求，如对生活饮用水、工业用水、农业用水水质等均有相应的要求。同时考虑回灌水与回灌区地下水可能发生的化学反应、对管井和含水层可能产生的腐蚀和堵塞、地层的净化能力等。

2. 防洪排涝工程

在已经发生地面沉降的地区，尤其是已发生地面沉降的城市，常因地面沉降而造成雨季排洪系统的失效，地表积水，引起洪涝灾害。洪涝灾害无疑是目前世界上发生最为频繁且破坏性最为严重的自然灾害之一。全球气候的不断变化导致洪涝灾害事件愈发频繁，而人类生产活动的加快，使得灾害事件发生后造成的影响日益严重，洪涝灾害造成的损失呈现出非线性增长趋势，制约了人类社会的发展。洪涝灾害发生时间短，但造成的危害持续性强，洪涝的发生常伴随滑坡、泥石流等危害，灾后还易引发疫病，严重威胁区域内的社会经济财富和人民生命安全。洪涝灾害的发生受地理因素、气候因素、区域地表状况和气象条件等自然因素以及社会因素的共同影响，成因复杂，具有突发性和不确定性。对洪涝灾害进行预报是极其困难的，以往有研究者根据历史洪灾期间的数据对洪涝事件进行模拟预报，以实现对洪涝事件的预测，但由于洪涝事件的突发性及洪涝成因的复杂性，对未来时间段内准确预报洪涝信息的研究仍很难达到要求。

为防止洪涝灾害的发生，必须实施防洪排涝工程，在一定程度上减轻或防止因地面沉降而引起的洪涝灾害。

（1）加强市政建设、完善给排水设施

在地面沉降地区的市政工程建设中，应充分考虑预留沉降量，使市政工程尽量不受到地面沉降的破坏。同时，完善给排水设施，使排水管网与城市的发展相适应，以便及时排水。

利用城市地下空间修建调节水池，将雨水暂时储存在调节水池，既可以防洪，又可以在旱季的时候作为供水水源。城市地下空间常见防洪工程如下。

①挡水板。挡水板是城市地下工程常用的一种防涝措施，一般采用钢板或

铝合金板，放置于地铁站口、地下车库口等，可对来水进行阻挡。挡水板结构简单，抗水流冲击力强，造价低，体积小，便于养护且使用方便，1～2人在5～10分钟即可完成安装或拆卸的过程，且一般上部贴有反光条便于夜间提醒。现在的挡水板一般分为单式挡水板与组合式挡水板，单式挡水板可根据要求进行单片高低、长短定制，组合式挡水板每片高度一般为20 cm，可根据实际需要逐层叠加。挡水板高度确定方法一般有历史潮位确定法与权威数据确定法，挡水板宽度一般与门框宽度相等。但挡水板只能阻挡不超过板身高度的小水头洪水，对于水头较大的洪水无法起到防洪作用，且只能安放在已安装挡水板卡槽的指定位置，具有一定局限性。

②防淹门。防淹门作为防灾设备，主要应用于隧道内部、以地下线路穿越河流或湖泊等水域的地铁，以防止洪水意外进入隧道和车站造成大范围的人员伤亡和财产损失。其主要由机械系统和控制系统两部分组成，在控制室可对区间水位进行自动监测与报警，闸门能够在90 s内紧急关闭。防淹门的优点是能够迅速对涌入隧道或地铁的洪水进行拦截，保障人员与重要设备安全，具有极高的可靠性与安全性。但防淹门整体设计较为复杂，升降式闸门需在门洞上方设置设备机房，造价高昂，工程量较大，且在平时状态下极少使用。如在断电等特殊情况下需要手动进行闸门关闭，解锁复杂。

③防汛沙袋。防汛沙袋作为防汛常用物资，常应用于紧急临时工事或构建暂时防水工事，通过层层叠加阻挡水的流动与冲击。防汛沙袋一般分为传统防汛沙袋与吸水膨胀沙袋。吸水膨胀沙袋是指当水流冲向沙袋后，水流渗入缝隙填充物吸水可膨胀密实以达到防汛作用。防汛沙袋一般有40 cm×50 cm、30 cm×80 cm、25 cm×70 cm 和40 cm×60 cm 四种规格可供选择，且造价较低。吸水自膨胀沙袋较为轻巧易搬运，可以快速完成防汛部署，也可根据需求随时调整沙袋的数量与排列。防汛沙袋储存方便，充分干燥后即可反复使用，且对堆放位置没有指定要求。但传统沙袋较重，在数量较多时人工堆积劳动强度大，且挡水密封效果与高度调节有限。

由于地下工程的特殊性，在超标准降雨条件下，应主要避免雨水进入，以挡为主，以排为辅。在洪涝风险较大的地铁站口与地下通道出入口等人流密集且固定的地点可选择挡水钢板，提前设置卡槽，在发生暴雨时快速进行挡水。对于地下车库或一楼商铺，挡水钢板使用次数较少、前期准备工作复杂、占地面积较大且无法移动，而防汛沙袋便于个人储存且使用方便，可堆放在地下车库入口或地面商铺门口起到挡水作用。同时地铁站附近可配备指定大型排水泵车，在发生险情时迅速到达进行抽水,作为挡水措施的补充,地铁站内与地下车库等可配备移动潜水泵,在发生积水情况时自动进行吸水。

在城市建设过程中,采用一些新技术、新材料,增大地面的渗透性,使降水入渗量增大,减少留在地表的水量,达到防洪排涝的目的,同时也起到人工回灌的作用。

(2)沿岸堤防工程

地面沉降造成河道防洪能力降低。在沿海地区,由于高程严重损失,加剧了风暴潮灾害的发生。因此,沿岸修砌防汛墙工程是防灾的一种有效措施。修建堤防工程,可提高防洪标准,防止洪涝灾害发生。

(3)地面垫高工程

对于因地面沉降而造成内涝的城市来说,可以通过地面垫土,增加标高的方法来进行治理。

二、地面沉降灾害防治措施

地面沉降防治涉及多个领域,防治系统建设要与水利、环保、建设等部门的统筹规划相结合。地面沉降防治要遵循重点、精准施策、空间管控、生态优先、责任明确、多方联动、科技引领、综合防治的方针,优先安排地面沉降防治工作,确定地面沉降的发育情况及其特征,建立完善的地面沉降监测预警网络,进行综合防治。

(一)开展地面沉降的深度研究

通过对地面沉降的特征、水平和竖向分布特征的分析,归纳出地下水动态变化、地层岩性和厚度等因素对地面沉降的影响,找出形成机理和发展趋势。

随着大规模城市的建设及地下资源的过量超采,如何有效预防地面沉降灾害的发生对社会经济发展与人民健康财产安全至关重要,利用地面沉降模型预测地面沉降的发展是预防地表沉陷灾害发生的关键手段。目前国内外针对地面沉降预测模型研究方法主要包括时间序列模型、卡尔曼滤波、人工智能模型、回归分析模型、灰色模型及渗流模型等。

时间序列模型、回归分析模型、灰色模型、卡尔曼滤波等都是基于已有沉降数据并对其进行数理统计来预测未知的地面沉降。这类预测模型已在地面沉降预测中被广泛运用。例如,利用大量的地面沉降量数据与地下水开采量和地下水水位的实测数据,建立多元线性回归方程预测地面沉降,且对沉降预测值的精度进行检验;利用去噪后的露天矿沉降数据结合时间序列分析法建立地表形变预测模型，通过检验获得较高的预测精度。尽管上述模型在地面沉降预测中作用重大，但仍存在着不足，这类模型无法反映地下水流动系统、土体地质与地面沉降的动力学机制，且其均为多个自变量（或单一自变量）对单个因变量的关系，并不探求因变量与因变量之间存在的相互关系，故该类模型主要适用于开采条件维持不变的情况下的警示性预测。

渗流模型包括二维渗流、三维渗流与准三维渗流模型。目前普遍采用的渗流模型都是三维渗流模型，因渗流模型的构建需要大量的工程勘探与水文地质资料，建模所需参数繁多，但部分参数却因测定技术不成熟或难以测定而需对参数进行人为的不断调整，致使该模型预测精度受到影响，随着主观因素的添加，模型有失科学的严谨性。渗流模型的构建往往是在某种理想情况或经验结论下对土体形变与地下水流动系统进行研究，导致与实际情况存在差异，限制了该模型的应用。

人工智能模型包括遗传算法和人工神经网络两类。人工神经网络模型通常由神经元、网络和学习规则来表示，其具有强大的非线性逼近能力，同时具有良好的联想、容错、抗干扰和学习能力，被广泛应用于电力、信息处理、交通及金融等各领域，主要包括前向型、反馈型和自组织竞争型神经网络等。遗传算法是一种结合生物遗传和进化的搜索最佳解的方法，因其具有高效、可扩展性、实用等诸多优点，被大量应用于经济管理、工程应用等领域中。然而，在建模求解过程中，神经网络模型存在收敛速度慢和易陷入局部极小的局限，遗传算法则较强地依赖于初始种群的选择，且易陷入"早熟"，因此不能应用于计算量巨大的问题。

因此，不同的研究区应综合考虑不同的沉降情况、地质水文条件及地面沉降预测模型的特点等，选取出合理的预测模型对于预防研究区由地面沉降产生的相关灾害尤为重要。

（二）建立地面沉降信息管理和警报系统

通过建立地面沉降管理信息系统，对多年来的地面沉降监测资料进行整理、录入，并对其进行及时的更新和补充，对地面沉降状况进行实时的了解。根据对资料的分析，建立地面沉降典型区的地层模型、地下水模型和地面沉降模型，并根据实测资料及历史数据，对地面沉降的发展趋势进行预测。

地面沉降信息系统要集各地区的地面沉降调查数据和监测成果于一体，成为一个具有易操作性、高实用性、可拓展性与易维护性的地面沉降信息管理、分析与预测预警系统，成为一个地面沉降数据的统筹管理、分析与信息展示的平台。地面沉降信息系统在系统架构上要保障系统的安全性和可靠性，在功能上要实现客户的业务需求，其中包括地面沉降数据和其他专题数据的在线提交，数据库中数据的查询统计、数据操作、空间查询分析、日志管理、个人资料，地面沉降预警预报等功能。同时作为业务人员和决策人员共同使用的系统，还要实现多角色、多权限管理的用户管理功能，便于对地面沉降分析信息的科学化管理。

1. 数据在线批量提交

制定统一标准，利用新技术和新方法对地面沉降数据进行信息化管理和信息化建设，健全数字机制。数据在线批量提交模块是本系统需要实现的核心功能之一，将沉降数据成功提交到本系统是后续对地面沉降数据的展示、管理和分析的先决条件。该功能主要面向业务管理人员开放，通过本地数据库批量提交数据集成到本系统中。业务管理人员通过鉴权系统识别后点击在线提交功能，在本地文件中选择需要提交的数据库，将其上传至本系统中，自定义选择需要提交的监测数据或者调查数据，最后点击确定提交按钮，完成数据在线提交。

2. 空间查询分析

在地面沉降数据上传到系统数据库后，需要对数据进行展示和分析，以直观了解数据的各种空间特征和时间特征。空间查询分析模块主要内容包括调用行政区划地图或卫星地图、提供必要的查询工具、进行地面沉降数据的空间分析。空间分析功能主要依赖生成等值线、对调查监测点进行密度分析和生成等值面来实现。生成地面沉降等值线需要系统根据用户选定的数据库表，再输入起始时间和结束时间，根据合适的条件生成等值线，用以突出统计字段的统计值在当地区域的空间结构特征。调查监测点密度分析是系统根据用户选定的数据库表生成热力图，根据条件生成的热力图，可以反映图中地面沉降点数据的密集程度。热力图中地面沉降数据的点越密集，则客户端在相关区域渲染的颜色越深；反之，地面沉降数据的点越稀疏，客户端渲染的颜色就会越浅。生成地面沉降等值面的主要流程是系统根据用户选定的数据库表，再输入起始时间和结束时间，根据合适的条件生成等值面，从空间结构的角度对沉降数据进行可视化分析。

3. 数据查询统计

越来越多的数据上传到系统数据库后，用户要观测地面沉降数据在时间序列下的沉降趋势变化，并且随着数据量的增加，用户想要查询某一个数据，就会变得较难实现。数据查询统计模块要对本系统中的地面沉降数据库表信息进行展示、查询和统计分析，其主要功能包括对地面沉降数据库相关专题数据的主表和其子表进行信息的详细展示、简单查询、高级查询以及生成相关统计图表等。

4. 数据操作

用户还要能够对上传到系统数据库的数据进行增、删、改等数据操作。通过数据在线批量提交后，相关数据会上传到数据库，但是数据采集过程中存在各种各样的因素，这会让上传的数据不可避免地存在人为误差，因此，地面沉降信息系统还需要能够对数据库中的数据进行再次编辑和修改的功能。数据操作是本系统中对地面沉降信息和专题信息表的添加、删除、修改和导出的功能。在进入数据查询与分析页面后，用户通过数据添加功能将数据上传到系统中的在线数据库中，通过选定某一数据表的某一行地面沉降数据进行信息的修改。同时，用户还可以对相关数据执行单条数据或多条数据的删除操作。

5. 地面沉降预警

在收集到足够多的监测数据后，系统能够主动通过某些规则，利用这些长时间的监测数据对沉降点进行提前预警，减少相关部门的预警压力。地面沉降系统的主要目的在于预警、预报、防治此类灾害的发生，避免其对人类的经济社会和对自然环境造成破坏，因此系统还应具有沉降的预警、预报功能。在业务人员将沉降监测的数据上传到系统中后设定监测点的预警值，当系统数据库中的监测值触及预警值时，系统要发出警报信息，提醒决策人员根据实际情况做出决策，最大限度地减少人民财产安全的损失。系统要通过扫描全部数据库中业务人员设定的预警值，将其与用户设定的预警值进行比较和分析，判断目前的状况是否达到预警水平。当沉降数值超出预警范围时，就在系统页面显示详细预警信息，提醒相关工作人员对此做出反应，达到对地面沉降预报、预警的效果。

（三）加大地面沉降调查，设计地面沉降实时监测系统

对严重地面沉降的城市和重要建设地区进行调查，着重了解其地质环境背景和现状，并对其进行研究。利用合成孔径雷达干涉测量技术和水准测量技术对地面沉降进行常规监测，利用现有的分层标和光纤监测孔对地面沉降进行检测，目的是对地面沉降情况有一个全面的了解。

针对目前地面沉降监测工作中存在的时效性差、成本高、自动化程度低等问题，要设计一个能够满足大范围监测、低成本、全自动的地面沉降实时监测综合管理系统。这样一个安全可靠、高效便捷的地面沉降实时监测系统，应满足以下需求：

①系统具有普适性，可运用到全国范围内不同类型的地面沉降监测。目前国内地面沉降监测均采用后处理方式，从人工数据采集到人工处理分析，时间间隔

长,时效性差,且运营成本较高。在没有足够资金保障的情况下,将低成本普适型接收机应用于地面沉降监测,可加快推进地面沉降的防治工作。

②系统能够自动实时处理分析。从数据的采集到数据的解算再到形变信息的提取和分析,均要实现全自动、近实时的目标。主要包含数据流的实时接收、解析、存储和转发,监测数据的实时重采样,监测数据的实时处理和分析,形变信息的提取和分析。

③系统要有安全可靠的数据传输方式。地面沉降监测数据是国家的基础地理信息数据,具有敏感性和保密性的特点。因此,在数据的传输过程中需进行加密隔绝处理,以保障数据的安全可靠性。

④系统具有一定的运行稳定性。一个可靠的地面沉降监测系统不但要拥有强大的功能,而且还应具备一定的稳定性。由于监测设备长期处于无人值守的野外环境,无法实现高频率的人工检修,因此监测设备的供电要具有宽电压供电的能力,同时满足多种供电方式,如太阳能电池板等,只有这样才能保证监测设备的稳定运行。通过系统性的需求分析,可以明确平台的最终目标是实现对地面沉降的实时监测。经过目标的细化分析,首先需要实现监测数据的自动采集,其次是数据的标准化、数据的传输以及数据的处理分析等模块,最后依托硬件设施和软件系统将各个模块相互融合,从而实现对地面沉降的实时监测。

(四)合理开采矿产资源

由于地面沉降灾害主要是由过量抽取地下水或油气等矿产资源引起的,所以预防和控制地面沉降的根本途径是合理开采地下资源,保持含水层一定的水位高度,具体的措施如下。

①控制地下资源开采量,优化开采布局,合理开采。

②调整地下资源开采区(段)和开采层,避免局部地段过量集中开采,必要时封井停采,探索新的替代源。

③采用新技术修复含水层,人工回灌地下水,控制和提高地下水位,使地面沉降缓慢回弹。

(五)加强对地下水与工程活动的管理

在城市规划建设中,一些对沉降比较敏感的新建工程项目要尽量避开地面沉降严重和潜在的沉降隐患地带,以避免不必要的损失。对城市重大建设项目和重要基础设施,必须进行地质灾害危险性评估,科学论证工程建设的安全性。

对已经出现严重地面沉降的城市和重点规划地区,对地下水开发进行限制,并完善监测网络。在风险等级高或者中的区域，应有效降低地下水的开采，在风险等级低的地区应密切注意地下水位的变化，并在必要的时候对地下水进行资源的管理，使水资源得到合理的分配。在重大工程建设和运行过程中，要对地面沉降进行全面的监测。

（六）综合考虑自然与人工作用

地面沉降的发生与发展是典型的自然地质作用和人工复合的结果，两者的相关性极强。现今大量的工程活动对地质环境的影响越来越突出，加重和扩大了地质灾害的危险性，必须在研究地面沉降成因的基础上，综合分析因过量开采地下水、城市高大建筑群及地下空间开采带来的灾害复合效应。并且，在防治地面沉降时，也应综合考虑自然与人工作用的综合效应，在保护自然生态的前提下进行防护工程建设，使两者发挥更好的效果。

（七）进行防灾、减灾教育

在防灾减灾系统中，教育是一个非常关键的环节。加强灾害防治知识的宣传和教育，有利于减少地面沉降所带来的损失。积极开展水资源保护、节约用水等相关宣传活动，增强人们保护水资源的意识，优化工业产业用水结构，提高农业水资源利用效率，加大再生水利用程度，从而减少因为地下水超采引起的地质环境问题。

第七章　地质灾害灾情评估与风险管理

地质灾害灾情评估面临着众多挑战，并且其理论和实践体系尚未完全形成和得到应有的发展。本章分为地质灾害灾情评估和地质灾害风险管理两部分。

第一节　地质灾害灾情评估

一、地质灾害灾情评估指标

现阶段地质灾害灾情评估逐渐将危险性和易损性一体化，并借助 GIS 技术对指定地区进行地质灾害评估和风险研究。近些年我国地质灾害灾情评估不断发展，在地震、泥石流以及山体滑坡方面都逐渐形成了完善的地质灾害评估体系，且地质灾害灾情评估项目规模不断扩大。但是，很多时候地质灾害灾情评估主要是针对单一种类的地质灾害进行评估，整体性不强，且对于 GIS 评估反馈的结果和数据没有进行充分研究，在地质灾害发生规律和成因影响上的研究相对不够系统。

地质灾害灾情评估主要分为三个方面，分别是点评估、面评估和区域评估。不同地质灾害的引发条件不同，需要迅速、快捷地对地质灾害进行分析和危险性评价，但并不要求精度。

一般来讲，地质灾害的诱发条件较多。地质条件、水文、气候、地貌、人类活动、植被覆盖、地质灾害历史规模频率等都会对地质产生一定的影响。将这些因素进行梳理、整合和划分，主要可以分为三种地质灾害相关因子，分别是稳定性因子、历史活动因子和诱发因子。对这三种因子进行定量定性分析，进而得出三个地质灾害灾情评估指标；同时参照地质灾害文献进行对照，将不同分值的指标进行等级划分。地质灾害通过科学的评分规则来对三种诱发因子进行计算，并采取对比法对权重进行分析，通过权重分析可以得出：稳定性因子占据的权重最大，而历史灾害活动因子占据的比重最小。最终将地质灾害风险进行灾变等级划分，分为高风险、中风险、低风险三个等级。

二、地质灾害灾情评估方法

（一）地质灾害野外调查法

地质灾害需要保证较低的资源和成本投入来获取相关的基础数据和资料，并分析和评估捕捉到的数据资料。一般来讲，不仅要沿用传统的查找相关资料的方法，还要结合现代化技术和信息化技术来提升信息获取的效率和质量，保证信息的准确性和丰富性。例如，通过 GIS 技术和 InSAR 技术可以迅速分析指定区域的地质环境，并利用信息化网络技术获取图片，分析指定区域的地质条件和潜在风险，进而保证地质灾害野外调查的效率和质量。

（二）地质灾害室内分析法

地质灾害室内分析法主要建立在野外调查的基础上。通过捕捉到的数据资料对地质灾害现状进行分析，并科学地对地质灾害区域进行还原，分析未来可能发生的地质灾害。一般的地质灾害室内分析，采用历史分析和地质类比方法进行。根据不同的地质环境和评估条件，还可以采用综合判别法来评估地质灾害的现状。在预测评估时，会采用多因素分析法。一般地质灾害的评估，很少会投入实物，且工作性质主要在于解决问题，并制定措施。因此，需要采用定量计算来对地质灾害进行分析，判断其稳定性和易发性。在室内地质灾害分析的过程中，需要利用较多的评估方法，如信息叠加、因素判别、层次分析以及模糊数学等方法。然而，地质灾害的研究评估具有较强的指定性，导致室内分析法存在一定的局限性。

三、地质灾害灾情危险性评估

地质灾害灾情危险性评估主要是指对可能影响区域内的地质灾害点及隐患点发育的评价因子进行归纳总结，通过定量或定性的手段进行地质灾害灾情危险性的量化分析，得到直观的可视化模型，对研究区进行划分，根据所得结果的高低判断区内地质灾害的危害程度，地质灾害灾情危险性评估的关键是建立合适的评估体系，以得到符合实际情况的、具有合理性和精确度的结果。

（一）评估因子的确定

1. 评估因子选择原则

地质灾害灾情评估因子的选择应当结合现场实际情况具体分析，应遵循下列原则。

（1）综合性

所选评估因素应能最全面地反映研究区地质灾害的影响因素，且在灾害（隐患）点具有普遍存在的性质，包括基础地质因素和致使地质灾害发生的诱发因素。

（2）可操作性

所选指标应在数据获取、处理等方面具有相关的可操作性，保证其能实现可视化与可数量化，只有这样才能保证获取到的数据的可用性。

（3）延续性

所选评估因素在进行危险性评估之前，应充分参考前人在该区的研究成果，减少选择的盲目性。

（4）简明性

所选指标不宜过多，避免造成冗余，出现结果间的矛盾。

2. 评估因子分级指标

地质灾害的形成受多种地质环境因素的综合影响，地质条件、地形地貌、气象水文、土壤类型、土地利用类型等都对地质灾害的发育具有控制影响。其中，地质条件、地形地貌、水文和土壤因素、土地利用类型等是影响地质灾害发育的基础因子，为地质灾害的发育创造了物质条件；降雨等气象因素，则为地质灾害的发育提供了动力来源，决定了地质灾害的发育规模与强度。本书在充分了解地质灾害的分布特征的基础上，选择11个因子，包括坡度、坡向、土地利用类型、土壤类型、地层、距道路距离、距水系距离、高程、距断层距离、植被指数、年平均降雨量，作为地质灾害灾情危险性评估因子。各因子分级指标如表7-1所示。

表 7-1 评估指标及分级表

评估因子	级数	分级指标
坡度 /°	5	<10, 10～20, 20～30, 30～40, >40
坡向	9	平地, 北向, 东北, 东向, 东南, 南向, 西南, 西向, 西北
土地利用类型	7	建设用地, 湿地, 灌木地, 耕地, 林地, 草地, 水体
土壤类型	6	初育土, 铁铝土, 人为土, 淋溶土, 半水成土, 高山土
地层	9	全新统, 侏罗系, 三叠系, 二叠系, 志留系, 奥陶系, 寒武系, 震旦系, 各类侵入岩
距道路距离 /m	5	<500, 500～1 000, 1 000～1 500, 1 500～2 000, >2 000
距水系距离 /m	5	<500, 500～1 000, 1 000～1 500, 1 500～2 000, >2 000
高程 /m	5	<1 000, 1 000～1 500, 1 500～2 000, 2 000～2 500, >2 500
距断层距离 /m	5	<500, 500～1 000, 1 000～1 500, 1 500～2 000, >2 000
植被指数	5	<0, 0～0.15, 0.15～0.25, 0.25～0.5, >0.5
年平均降雨量 /mm	4	964～1 024, 1 024～1 084, 1 084～1 144, 1 144～1 204

(二)危险性评估的方法

近年来,3S 技术的发展有效提高了区域地质灾害灾情危险性评估模型的评价精度,特别是基于 GIS 的不同模型方法的组合使用。

1. 信息量模型

信息量模型是一种统计预测方法,该模型从信息理论引出,根据各影响因素中地质灾害的数量来计算评价单元中每个评估因子的信息量值,叠加所有评估因子的信息量值,得到每个评估单元中地质灾害的总信息量值。信息量越大,表明区域发生地质灾害的可能性越大。其计算公式为:

$$I_i = \sum_{i=1}^{n} I(X_i, H) = \sum_{i=1}^{n} \ln \frac{N_i / N}{S_i / S} \quad (7-1)$$

式中:X_i 表示评估单元所取的评价因子,I_i 为评估单元中各评估因子信息量值的总和;n 为评估因子总数;N_i 为 X_i 因子分类中地质灾害点个数;N 为研究区地质灾害总数;S_i 为研究区对应 X_i 因子分类的面积;S 为研究区总面积。

2. 确定性系数模型

确定性系数模型是由美国生物医学专家肖特利弗和美国著名经济学家詹姆斯·布坎南于 1975 年提出的一个概率函数。1986 年,该模型得到了进一步改进,用于分析影响事件发生的各种因素的敏感性。使用此模型进行地质灾害灾情评估的前提是,假设已发生地质灾害的地质环境与没有发生地质灾害的地质环境相同。C_F 的变化区间为 [-1, 1],值为正,表示地质灾害发生的确定性高,所处的地质环境条件易发生灾害;值为负,表示发生地质灾害的可能性低,所处的地质环境条件不易发生灾害;值为"0",表示不能确定此分类单元是地质灾害易发区还是不易发区。其计算公式为:

$$C_F = \begin{cases} \dfrac{P_a - P_s}{P_s(1 - P_a)}, & P_a < P_s \\ \dfrac{P_a - P_s}{P_a(1 - P_s)}, & P_a \geq P_s \end{cases} \quad (7-2)$$

式中:C_F 为地质灾害发生的确定性系数;P_a 为地质灾害发生事件在因子分类 a 中的可能性,在实际的地质灾害研究中,其可以表示为影响因子分类 a 中地质灾害数量(或面积)与该因子分类面积的比值;P_s 是研究区发生地质灾害的先验概率,表示为研究区地质灾害总数(或面积)与研究区总面积之比。

3. 逻辑回归模型

二元逻辑回归模型研究的是二分类因变量（因变量 y 只取 2 个值）与一系列自变量（影响因子 x_1, x_2, …, x_n）之间的关系。因变量只有两种可能的结局，即必须为二分变量或二进制变量，其编码只能为 1 或 0。在地质灾害灾情危险性评估研究中，因变量通常用 0 和 1 表示，0 表示未发生地质灾害，1 表示发生地质灾害。

地质灾害与其影响因子之间的关系如下：

$$\begin{cases} P(Y=1 \mid X) = \dfrac{1}{1+e^{-Z}} \\ Z = \beta_0 + \beta_1 x_1 + \beta_2 x_2 + ... + \beta_n x_n \end{cases} \quad (7\text{-}3)$$

式中：P 为发生地质灾害的概率，取值范围为 [0，1]，β_i 为逻辑回归系数，n 为影响因子个数，z 为地质灾害危险性函数，其与地质灾害影响因子 x_1 具有线性关系。

4. 信息量/确定性系数法 + 逻辑回归模型

信息量模型和确定性系数法与逻辑回归的耦合模型是将信息量模型和确定性系数法计算出的各因子分类的值代替逻辑回归模型中影响因子指标值 x，提取样本灾害点和非灾害点处各因子分类的信息量值或确定性系数值，进行二元逻辑回归，求出逻辑回归的常数项和回归系数，建立逻辑回归方程，通过方程计算出评价单元中地质灾害发生的概率 P，进行研究区的危险性区划。

上述耦合模型，结合了两种模型的优势，解决了逻辑回归模型中评价因子量化的困难以及信息量模型和确定性系数法中各因子权重一致的问题，有利于提高模型的评价精度。

5. GIS 空间分析

GIS 空间分析功能可以解释地理信息在时间和空间上的分布，并提供参考数据以进行地理决策，可视化空间分析的过程和结果是准确、清晰和直观的。基础数据收集、地质灾害的空间分布情况及其与地质环境的控制影响分析、评价指标图层和灾害的危险性制图，所有这些都基于 GIS 空间分析功能，这里主要挑选了缓冲区分析、密度分析、叠加分析进行说明。

（1）缓冲区分析

缓冲区分析是邻域分析的一种方式，通过为地理实体建立一定宽度范围的邻域缓冲区，从而分析两种地物空间邻近关系。

（2）密度分析

密度分析通过对输入要素数据集进行处理，依据数据位置的空间关系，计算得到一个连续的密度表面，从而显示出地物分布较为集中的地方。

（3）叠加分析

叠加分析分为栅格叠加和要素叠加两种方法。要素叠加将两组或两组以上的要素进行叠加产生一个新的要素层，新的要素层综合了原来图层所具有的属性；栅格叠加可以以数学方式合并多个图层，并将图层每个位置栅格合并的新值赋值给输出图层的每个像元。

四、地质灾害灾情风险性评估

（一）成因机理分析评估

地质灾害潜力和潜在行动尺度定性评估成因机制的主要内容是，分析历史地质灾害的形成条件、运行状况和运行规律，地质灾害的确定因素和地质灾害的潜在因素，并建立基于地质灾害的模型。

（二）统计分析评估

统计分析和评估的目的是，根据模型或立法延伸评估地质灾害发生的程度或时间。其内容包括历史地质灾害发生的原因和灾害运行规律，同时还要计算地质灾害程度、发生频率和密度，进行地质灾害主要因素分析，确定地质灾害数学模型或相应规律。

（三）危险性评估

风险评估是评估以往的地质灾害措施和今后发生地质灾害的可能性，以及发生地质灾害时产生的风险等级。其主要内容包括以下两个方面：①客观评估以往地质灾害的程度，包括规模、范围和密度。②评估地质灾害的潜在因素，如地形条件、地质条件、水文条件、气候条件、植被和可能产生影响的人类活动。

（四）易损性评估

1. 易损性概述及评估因子的选取

作为评估地质灾害风险性的重要前提之一，地质灾害的易损性是指地质灾害对自然环境或人类生命财产造成的破坏程度。

易损性反映了承灾体在面对地质灾害时的抵抗能力。易损性包括经济、环境和社会易损性等。其评价方法主要包括主观评判方法、模糊综合评判法等。

(1)人口密度

人既是致灾因子,又是承灾因子、人口越多、人口密度越大的地区,人类对自然资源环境的破坏更为严重,当发生自然灾害时,人作为主要承灾体,损失也会越严重。因此,人口密度可以反映社会易损性。

(2)道路密度

交通运输是城市经济发展的命脉,地质灾害对交通运输系统的干扰破坏就是地质灾害对该地区经济发展的障碍,因此道路密度也反映了经济易损性。

(3)耕地密度

耕地与人类活动的相关性较大,且作为地区重要的经济结构,耕地面积越大,地质灾害造成的损失越大。因此,耕地密度可以反映出物质易损性或经济易损性。

2. 易损性评价方法

1965年,美国著名计算机与控制专家扎德教授发表的开创性论文《模糊集合》创造了模糊数学,用于讨论研究模糊不确定性问题。由于有很多因素会影响地质灾害的易损性,而它们都是随机的,无法准确表达,因此,在分析地质灾害的脆弱性时,各因素的不确定性尤为重要,故采用模糊综合评判法评估地质灾害的易损性。

模糊综合评判法的步骤如下。

(1)因子集的构建

将研究区内的易损性评估指标构成一个评估因子集。

$$U = \{u_1, u_2, ..., u_m\} \quad (7\text{-}4)$$

在此选取人口、耕地和道路密度作为评估因子,即 $U=\{u_1, u_2, u_3\}=\{$人口密度,耕地密度,道路密度$\}$。

(2)评判集的构建

将评判等级分为 n 个,称作评判集。

$$V = \{v_1, v_2, ..., v_n\} \quad (7\text{-}5)$$

将易损性按不等分间隔划分为五个等级以构成评价集 V,即 $V=\{v_1, v_2, v_3, v_4, v_5\}=\{$高易损,较高易损,中易损,较低易损,低易损$\}$。

评估损失的目的是评估灾害的历史损失,并分析损失的程度和预期损失的程度。评估内容主要包括两个方面:①对地质灾害风险脆弱性的集中评估,对地质灾害的破坏程度、危害强度和主体损失进行评估。②评估地质灾害对人口、经济、资源环境的破坏程度。

(3) 构建隶属函数

任意一个模糊集都与一个隶属函数对应。在此使用的模糊分布函数为降(升)半梯形分布，数学模型为：

$$u_1(x_i) = r_{i1} = \begin{cases} 1 & x_i \geq x_{i1} \\ \dfrac{x_i - x_{i2}}{x_{i1} - x_{i2}} & x_{i2} \leq x_i < x_{i1} \\ 0 & x_i \geq x_{i2} \end{cases}$$

$$u_2(x_i) = r_{i2} = \begin{cases} \dfrac{x_{i1} - x_i}{x_{i1} - x_{i2}} & x_{i2} \leq x_i < x_{i1} \\ 0 & x_i \geq x_{i1} \text{ or } x_i \leq x_{i3} \\ \dfrac{x_i - x_{i3}}{x_{i2} - x_{i3}} & x_{i3} \leq x_i < x_{i2} \end{cases}$$

$$u_3(x_i) = r_{i3} = \begin{cases} \dfrac{x_{i2} - x_i}{x_{i2} - x_{i3}} & x_{i3} \leq x_i < x_{i2} \\ 0 & x_i \geq x_{i2} \text{ or } x_i \leq x_{i4} \\ \dfrac{x_i - x_{i4}}{x_{i3} - x_{i4}} & x_{i4} \leq x_i < x_{i3} \end{cases} \quad (7\text{-}6)$$

$$u_4(x_i) = r_{i4} = \begin{cases} \dfrac{x_{i3} - x_i}{x_{i3} - x_{i4}} & x_{i4} \leq x_i < x_{i3} \\ 0 & x_i \geq x_{i3} \text{ or } x_i \leq x_{i5} \\ \dfrac{x_i - x_{i5}}{x_{i4} - x_{i5}} & x_{i5} \leq x_i < x_{i4} \end{cases}$$

$$u_5(x_i) = r_{i5} = \begin{cases} 0 & x_i \geq x_{i4} \\ \dfrac{x_{i4} - x_i}{x_{i4} - x_{i5}} & x_{i5} \leq x_i < x_{i4} \\ 1 & x_i \leq x_{i5} \end{cases}$$

式中：$u_j(x_i)$ 为第 x_i 个评估指标数据对应 j 级易损性的隶属度，值域为 [0, 1]；x_i 为第 i 个评估指标的评估数据；x_{ij} (i=1, 2, 3；j=1, 2, 3, 4, 5) 为第 i 个评估指标对应的 j 级易损性下的评估标准。

(4) 评估矩阵和权重矩阵的构建

①评估矩阵的构建。在地质灾害的易损性因子 U 和研究区域的评价集 V 之间建立模糊映射，用模糊关系 R 表示，即 3×5 维度的评价矩阵。

$$R=\begin{bmatrix} r_{11} & r_{12} & r_{13} & r_{14} & r_{15} \\ r_{21} & r_{22} & r_{23} & r_{24} & r_{25} \\ r_{31} & r_{32} & r_{33} & r_{34} & r_{35} \end{bmatrix} \tag{7-7}$$

②权重矩阵的构建，权重计算公式为：

$$w_i = \frac{x_i}{\overline{x_{ij}}} \tag{7-8}$$

$$\overline{x_{ij}} = \frac{1}{5}\sum_{j=1}^{5} x_{ij} \tag{7-9}$$

$$\overline{w_1} = \frac{w_i}{\sum_{i=1}^{3} w_i} \tag{7-10}$$

得到的权重模糊矩阵为：

$$w = (\overline{w_1}, \overline{w_2}, \overline{w_3}) \tag{7-11}$$

(5) 易损性等级判定

结合评估因子相关矩阵 R 和权重集矩阵 W，以获得模糊关系模型的评价矩阵 B：

$$B = W*R = (\overline{w_1}, \overline{w_2}, \overline{w_3}) * \begin{bmatrix} r_{11} & r_{12} & r_{13} & r_{14} & r_{15} \\ r_{21} & r_{22} & r_{23} & r_{24} & r_{25} \\ r_{31} & r_{32} & r_{33} & r_{34} & r_{35} \end{bmatrix} = (b_1, b_2, b_3, b_4, b_5) \tag{7-12}$$

依据隶属度最大的原则，将模糊评判矩阵 B 中的最大值所在的等级，用作评判结果的等级，即 $b_j=\max b_j$，则评估区的易损性等级为 j 级。

（五）风险性评估

风险评估包括危险性评估和脆弱性评估的所有内容，分析地质灾害的可能性，分析不同条件下的地质灾害危害程度。风险评估的目的是评估不同情况下地质灾害给社会造成的损害程度。

联合国地球科学滑坡风险评价工作委员会将风险表述为灾害在一定时期内发生的概率与可能造成的损失的乘积，可用如下公式对风险进行定量的表达。

$$R = H \times V \tag{7-13}$$

式中：R 为风险评估结果；H 为危险性评估结果（即地质灾害发生的概率）；V 为易损性评估结果。

地质灾害风险性等于危险与易损性的乘积，参照公式（7-13）。根据地质灾害危险性评估和易损性评估结果，对地质灾害风险性进行评估。先对危险性区划和易损性区划结果赋值，按照危险性等级从低到高的顺序将危险性评估的五个分区分别赋值为 1、2、3、4、5；按照易损性从低到高的顺序将易损性评估的五个分区分别赋值为 1、2、3、4、5。基于 ArcGIS 的栅格计算功能，将危险性栅格与易损性栅格叠加相乘，得到风险性评估栅格，用自然断点法将风险性评估结果划分为高风险、较高风险、中风险、较低风险和低风险五个分区。

第二节 地质灾害风险管理

一、地质灾害风险管理概述

（一）灾害风险管理的相关概念

1. 风险

风险具有双重性。风险既具有客观性也具有主观性。风险的客观性表现在风险是一种客观现象，是不以人的意志为转移的，如水灾、火灾、地震等；风险的主观性表现在不同的主观判断对未来可能发生的事件持不同的看法。

风险是可以识别的，因而也是可以控制的。所谓识别，是指可以根据过去的统计资料，通过有关方法来判断某种风险发生的概率与风险可能造成的不利影响的程度。所谓控制，是指通过适当的技术来回避风险，或控制风险发生所导致的不利影响的程度。

风险事件的随机性：风险事件的发生及其后果都具有偶然性。

风险的相对性：风险总是相对于项目主体而言的，同样的风险对于不同的主体有不同的影响。

2. 风险管理

（1）风险管理的定义

对于风险管理，不同的组织、不同的专家有不同的认识。风险管理是一种系统过程活动，是项目管理过程中的有机组成部分，涉及诸多因素。常用的风险管理定义有以下三种。

①风险管理是系统识别和评估风险因素的形式化过程。

②风险管理是在项目期间识别、分析风险因素，采取必要对策的决策科学与决策艺术的结合。

③风险管理是识别和控制可能引发灾害事件的方法。

综上所述，风险管理是指管理组织对可能遇到的风险进行规划、识别、估计、评价、应对、监控的过程，是以科学的管理方法实现最大安全保障的事件活动的总称。

（2）风险管理的相关概念

①风险规划。风险规划是指确定一套完整、全面、有机配合、协调一致的策略和方法，并将其形成文件的过程。这套策略和方法用于辨识和跟踪风险区，拟定风险缓解方案，进行持续的风险评估，从而确定风险变化情况并配置充足的资源。

②风险事件。风险事件是指可能导致整个系统发生问题，需要作为项目要素加以评估以确定风险水平的大事。

③风险评估。风险评估是指对项目各个方面和关键技术的风险进行辨识和分析的过程，其目的是更有把握地实现项目性能、进度和费用目标。

④风险处理。风险处理是指对风险进行辨识、评价，选定并实施应对方案的过程，目的是在给定约束条件和目标的情况下使风险保持在可接受水平上。

⑤风险监控。风险监控是指在整个项目管理过程中，按既定的衡量标准对风险处理活动进行系统跟踪和评价的过程，必要时还包括进一步提出风险处理备选方案。

⑥风险文档。风险文档是指记录、维护和报告风险的评估、处理分析方案以及监控结果的文件，包括所有的计划、给决策者的报告。

3. 灾害风险管理

灾害风险管理是一个交叉学科，不仅涉及大气科学，需要了解灾害的形成机理、分布、演变规律和未来的趋势，还涉及灾害带来的影响、损失及灾害的放大效应，国家各级的治理方案等，要有灾害链的概念。随着灾害不断趋于多样化，受到的风险也更趋于复杂化。灾害风险是指有一定概率的灾害对人类社会造成的损坏，包括自然灾害及不可预测事故发生的可能性。我国目前采用的风险管理标准将风险视为一个事件后果与其他可能性的组合，不再将风险视为事件导致的单一不良后果，还考虑了事故带来的连锁反应。

（二）地质灾害风险管理的类别

根据风险管理控制的作用以及阶段的不同，可将地质灾害风险管理控制分为两个不同的类型，分别为期望型地质灾害风险管理和补偿型地质灾害风险管理。期望型地质灾害风险管理应该是与可持续发展规划相结合，即在设计发展规划阶段和项目实施时，针对发展与灾害之间的关系进行分析，研究发展是否可能减轻灾害的潜在影响。补偿型地质灾害风险管理，也被称为纠正型地质灾害风险管理，其工作重点是减轻目前已存在的社会易损性和地质灾害危险性。

（三）地质灾害风险管理的原则

在地质灾害风险管理控制中，应遵循以下几点原则。

①与风险主体总目标一致原则。风险主体总目标是风险主体进行一切管理活动的出发点和归宿。风险管理作为风险主体全部管理活动的一部分，其目标的制定应该而且必须符合风险主体发展总目标的要求。

②动态的原则。由于地质灾害可以随着地质、气候等条件随时发生变化，因此，风险管理计划和方案也不是一成不变的。我们应该根据可能出现的新情况以及态势，拟订新的风险管理计划和方案，动态地执行计划、实施方案。

③成本效益对应原则。成本和效益的比较在风险管理决策过程中显得较为重要。对于一个风险主体来说，可能面临的风险常常不止一种，即使是对某一种风险，可以采取的处置手段也是多种多样的。而每种手段的选择都须考虑到其成本和效益。以最小成本获得最大的安全保障这一风险管理总目标本身就揭示了成本效益对应原则的重要性。

（四）地质灾害风险管理的目标

地质灾害风险管理的目标以风险事故的实际发生为界，分为损前目标和损后目标。

1. 损前目标

在地质灾害风险事故发生之前，地质灾害风险管理应达到的一般目标包括以下内容。

①经济合理目标。要实现以最小的成本获得最大的保障这一总目标，在地质灾害风险事故发生之前，必须使整个管理计划和方案经济合理。

②安全状况目标。风险的存在可能会造成严重的后果,从而制约项目参与者的经济行为,妨碍劳动者的生产积极性。因此,我们要力求使项目置身于一种安全可靠、轻松自如的环境。

③社会责任目标。开展地质灾害风险管理活动,使参建项目更好地承担社会责任和履行义务,避免或减少损失。同时参建项目在生产经营中,必须受到政府和主管部门有关政策和法规以及项目公共责任的制约。

2. 损后目标

与损前目标不同,确定损后目标重在考虑最大限度地补偿和挽救损失带来的后果及影响。

①维持生存。只有维护生存条件,项目才有恢复和达到建设目标的基础。维持生存的目标是损失发生后地质灾害风险管理第一位应达到的基本目标。

②保持建设工程正常运行。损失发生后,要维护项目建设活动不因风险事故的影响而中断,保证项目建设活动和员工生产生活的正常进行。

③实现既定计划。损失一旦发生,不仅要维护项目生存和生产建设活动的正常进行,同时还要尽快实现事故前制订的应急预案。

④实现项目优化。在实现上述目标的基础上,地质灾害风险管理还必须能给项目的进一步优化创造良好条件。

⑤履行社会职责。切实履行社会职责是项目应有的职能,也是项目开展风险管理活动应追求的目标。

上述目标只是从地质灾害风险管理的现实意义出发,就单个项目所做的一般概括。这些目标相互联系、相互作用,同时,目标层次的不同也反映和决定了地质灾害风险管理计划水准的高低。

(五)地质灾害风险管理的内容

地质灾害风险管理是指在风险评估的基础上,选择地质灾害管理措施并加以实施,一般包括以下方面。

①风险的鉴别及其范围划定。鉴别风险的来源、范围、特性及与其行为或现象相关的不确定性,这是地质灾害风险管理的起点。

②风险评估。利用主观或客观的概率,评估产生错误的可能性,模拟风险源与其可能产生的影响之间的关系,评估出各种可供选择的风险概率值,风险评估是以上风险分析过程和风险管理之间的衔接步骤,在此之前分析的着眼点主要在于灾害自身,此后便转移到了灾害对人类社会危害的可能性上。

③风险决策。风险决策即决定对风险选择接受还是规避。针对每一种决策，要对所有的成本效益和风险进行评估，包括各种决策可能导致的社会经济、环境或政治影响，即得出风险的可接受程度和不可接受程度。

④风险管理。这一步代表在接受或规避风险的基础上"执行"的过程。简而言之，就是一套用来处理地质灾害风险的方法。当认定地质灾害风险可接受时，就保持该状态并力图获得最大效益；当认定地质灾害风险不可接受时，则采取相应措施降低风险，并跟踪监控该措施对于降低风险的效果，反馈信息到风险评估和风险管理系统，实现动态的地质灾害风险控制。

二、国内外地质灾害风险管理经验

（一）国外地质灾害风险管理经验

1. 美国地质灾害风险管理经验

美国疆域广袤、地形变化复杂、地质灾害多发，作为世界科技水平最先进的发达国家，其风险管理经验具有很强的借鉴意义。

（1）地质灾害风险管理组织机构

美国地质灾害风险管理主要采取属地化的管理模式。联邦政府一般负责宏观方面，包括制定政策制度，提供专业指导和技术支持。出现重大突发灾害时，组织协调各级政府与各机构部门统一调度指挥，下属（州、社区）政府部门负责本地区的地质灾害隐患风险评估，对公众进行地质灾害相关知识的宣传培训，制定应急预案并组织应急演练等日常工作。美国在灾害预警的过程中，拥有完善的预报体系，绘制了全国地质灾害分布图。气象局和下属气象站对各类自然灾害进行监测预警，同时在任何情况下，通过无线电广播信号相关部门和单位都能自动接收这类灾害预警信息。

（2）完备的法律法规体系

美国目前推行了大量的灾害防治法规，其中主要涵盖了《减少地震灾害法》《灾难救助和紧急救援法》《全国紧急状态法》和《美国联邦政府应急反应计划》等，各级政府出台相关保险制度以减轻灾害影响，保障灾后重建工作开展。政府成立了以联邦应急管理署为中心的一体化救灾机制。

（3）重视基础研究调查

美国对地质灾害风险管理工作每年投入大量的研究资源，加强对地质灾害风险管理相关基础学科的研究探索以及防治工程技术的研发，加大资金投入，培养了大量从业人员。在全国性的地质调查中,美国使用精度较高的比例尺,数据结果全面翔实,并且建立了数学预测复合模型。

(4)先进技术的管理与应用

重视在灾害检测过程中,将 GIS、监测和通信等技术进行综合应用,为后续的监测预报、信息管理与数据处理等提供有效的参考与指导,同时对于相关的灾害信息,还能利用智能手机和平板电脑等进行显示,及时高效地确定现场的基本信息,实现对关键信息的即时获取,同时在灾害事故发生的过程中,确保不同的职能部门可以在这个过程中进行快速与智能的联动。

2.日本地质灾害风险管理经验

日本本身为一个岛国,其所在的位置在欧亚大陆东部,同时位于太平洋的西北部,地壳活动剧烈,降水量大,夏季到秋季台风盛行。自然环境的急剧变化导致了许多自然灾害。为了抵御自然灾害,日本建立了世界上最全面的防灾体系。

(1)健全的法律体系

日本在针对地质进行风险管理的过程中,立法方式在其中发挥了关键的作用。日本曾经在1947年推行了《灾害救助法》,随后在国家发展期间,相继出台了《灾害对策基本法》《滑坡防治法》和《土沙灾害防治法》等,其中包含了灾前预防、灾后响应与灾后重建等不同的层面,目前一共包含了52部相关的法律,这同时也为国家的地质灾害风险管理提供了有效的参考与指导。

(2)完整统一的防治组织体系

日本同时在地质灾害风险管理的过程中构建了完善有效的防灾指挥机构,其中主要涵盖阁府与内阁总理,同时在地方发展的过程中,还参考实际情况建立了相应的地方防灾会议,形成了完整统一的防治组织体系,促成日本拥有一套有效、高效和协调的指挥体系。

(3)完善的应急机制和灾害救援体系

日本同时构建了全面的地质灾害应急体系,并且制定了相应的救援体系,利用这种方式确保地质灾害发生的过程中可以采取及时高效的救援工作,基于此可以更好地保障人民的生命与财产安全,将受灾损失降到最低。

日本各级政府设立的应急指挥机构为灾害应对部。该部门负责人是各级政府的行政首长。该部门的主要职责是收集有关灾害的影响范围、受灾人口和破坏程度的信息,然后向有关部门和公众发布。日本援助机构包括交通厅、消防机构、警察、民兵和医疗机构,根据各自职责,确保灾害期间交通畅通,可以让援助机构进入灾区，及时给受灾群众运送水和食品等救援物资，并为受灾群众安排临时住宿。

（4）注重防灾教育

日本高度重视防灾教育培训，致力于提高民众的救灾能力。从小学开始，学校就会发放相应的《救灾手册》，并将灾害应对纳入日常教学中。日本各级政府在管理的过程中，同样非常重视开展各种不同的应急演练，让公众学习并熟悉灾害的应对方式，公众也以高度的生命责任感积极参与，认真对待。为了更好地培养人民群众自身的防灾意识，日本还设立了全国防灾日（每年9月1日），同时制定了相应的防灾周（每年8月30日到9月5日），在此期间会开展各种不同形式的应急演练，利用这种方式进一步增强民众自身的防灾意识。

（二）国内地质灾害风险管理经验

1. 浙江省

从地理位置来看，浙江省是我国东南沿海非常重要的省份，常年受台风等极端气候影响，其受到地质灾害的影响比较严重。为了更好地解决这一问题，浙江以地质灾害为基础，分析对应的核心数据库，并基于此综合运用大数据、云计算和物联网等技术开发设计了完善的灾害风险管理平台。

灾害风险管理平台涵盖了五个不同的系统，包括地质灾害风险管理APP系统、地质灾害风险管理信息系统、地质灾害风险应急调查APP系统和地质灾害应急快速制图系统，同时包含相应的地质灾害应急会商辅助决策支持系统。在系统应用的过程中，县（市、区）级辖区重视对于系统的应用与维护，同时在系统应用的过程中，将相关的灾害数据进行整理分析，将其传输到省级数据中心，决策者、专家和相关技术人员等可以参考实际情况进行数据的下载与分析。不仅如此，该系统还包含了多种不同的服务功能。浙江省利用信息化手段，增强了灾害防治的效果。

2. 重庆市

重庆市所在的位置在西南山区，整体的地质构造非常复杂，地质灾害高发。从最近10年的情况来看，重庆市在灾害检测过程中，大量引入了高分辨率的遥感数据，利用这种方式针对多种不同的地质灾害展开综合分析与调查，重视地区的地质灾害风险监测预警、地质灾害应急处置，极大降低了地质灾害风险管理工作的困难程度和危险程度，增加了成果的准确性和实效性。

三、地质灾害风险管理的策略探讨

（一）开展地质灾害风险宣传培训

1. 科普宣传和知识培训

地质灾害在发生的过程中受到多种因素的直接影响，同时其也是一个非常复杂的过程，不存在任何的前兆特征。从隐患点的情况来看，其整体多且分散，因此针对广大民众提供相应的培训非常重要。从培训内容来看主要涉及防灾、减灾、避灾，利用这种方式增强人民群众自身的避险能力，降低灾害发生期间造成的人员伤亡，进一步减少人民群众的财产损失。

2. 避险演练

每年汛前，各级政府由自然资源部门牵头，组织开展关于灾害的避险演练，利用这种方式增强群众自身的防灾避险意识，同时进一步提升人民群众的应急处置能力。

（二）建立地质灾害预警预报系统

1. 滑坡的预警预报系统

（1）监测手段

监测手段以常规监测与专业设备监测相结合，并且以常规监测手段为主。

①常规监测法：主要有排桩观测法、三角桩观测法和建筑物裂缝观测法。

②专业设备监测法：主要有视准线法、大地精密测量和卫星空间定位系统（GPS）等。

（2）主要监测内容及方法

①降雨观测：采用 SL 型日记式虹吸雨量计，同时配备一台量筒，每 8 小时观测一次。

②地表位移观测：采用排桩观测法和三角桩观测法，通常采用钢尺、经纬仪等进行观测；当滑坡处于滑动状态或现场测量困难时，可采用三角交会法和横向视线法进行测量。

③地表裂缝变形观测包括以下两种方式。

滑坡裂缝观测：在裂缝两侧布桩，定期用钢尺、经纬仪等进行观测，记录桩间距离。

建筑物裂缝观测：贴水泥砂浆片或在已有裂缝两侧标记"十字"点，定期用钢尺进行测量，并做好记录。

④建筑物倾斜观测：采用经纬仪进行观测，通过对滑坡体上的建筑物倾斜度的观测，了解滑坡体局部位移变化情况。

⑤地下水观测：主要观测地下水的水位、流量、浑浊度等。

⑥地表巡视：裂缝隙变形和一些点的位移加快等是判别滑坡是否产生的直接表象，同时，出现岩面爆裂、小型崩滑、滚石、动物异常、泉水变浑和流量的变化等现象是滑坡的前兆。通过地表巡视，全面掌握滑坡动态，并结合裂缝、位移观测数据进行综合分析，增加临滑预报的可靠性。

（3）防御方案

防御方案结合滑坡动态监测的情况进行制定，主要包括以下几点。

①根据滑坡的滑动范围确定滑坡下滑时的滑位距离和土体、岩体横向影响宽度，为此划定危险区。

②上报防灾救灾领导机构，负责发出警报并组织疏散人员和财产。

③明确撤离信号、路线、地点。

④对公路等交通运输有影响时，要明确停运区间和时间等。

2. 泥石流的预警预报系统

（1）监测手段

监测手段以常规监测与专业设备监测相结合，并以常规监测手段为主。

①常规监测法：主要有观测法，即在雨季派遣专人在沟谷上游地区目视观察监测。

②专业设备监测法：主要有泥石流的冲击测试、泥石流的声学测试和卫星空间定位系统（GPS）等。

（2）主要监测内容及方法

①降雨观测：采用 SL 型日记式虹吸雨量计，同时配备一台量筒，每 8 小时观测一次。

②松散体位移观测：对流域内的滑坡和松散体等泥石流物源进行监测，需要的仪器有滑坡位移计、倾斜仪、孔隙水压力计、定位桩等。

③地下水观测：流域的地下水对泥石流的形成有重要作用，因此要对测井或泉水露头进行观测。

④泥石流冲击测试：采用电阻应变法观测，需在泥石流沟床设立墩台，在墩台上安置钢盒及传感器，通过导线传输冲击数据进行分析。

（3）防御方案

防御方案应结合泥石流动态监测的情况进行制定，主要包括以下内容。

①根据泥石流运动及影响范围划定危险区。
②上报防灾救灾领导机构，负责发出警报并组织疏散人员和财产。
③明确撤离信号、路线和地点。
④对公路等交通运输有影响时，要明确停运区间和时间等。

3. 崩塌（危岩体）的预警预报系统

（1）监测手段

监测手段以常规监测与专业设备监测相结合，并以常规监测手段为主。

①常规监测法：主要有三角桩观测法和目视观测法。

②专业设备监测法：主要有视准线法、大地精密测量和卫星空间定位系统（GPS）等。

（2）主要监测内容及方法

①降雨观测：采用 SL 型日记式虹吸雨量计，同时配备一台量筒，每 8 小时观测一次。

②地表巡视：裂缝隙变形和一些点的位移加快等是判别崩塌是否产生的直接表象，同时，出现岩面爆裂、小型崩滑、滚石、动物异常、泉水变浑和流量的变化等现象是崩塌的前兆。通过地表巡视，全面掌握裂缝动态，并结合裂缝、位移观测数据进行综合分析，增加临崩预报的可靠性。

（3）防御方案

防御方案应结合崩塌动态监测的情况进行制定，主要包括以下内容。

①根据崩塌危岩体崩落及影响范围划定危险区。
②上报防灾救灾领导机构，负责发出警报并组织疏散人员和财产。
③明确撤离信号、路线和地点。
④对公路等交通运输有影响时，要明确停运区间和时间等。

（三）完善地质灾害应急管理组织体系

1. 强调组织体系的均衡与高度统一

首先，地质灾害应急管理是一个费时烦琐的"民生工程"，应该要讲究系统性，做到每个环节都连贯、每次调度都有序。因此，不能只将某一点工作上无穷放大，如把全部精力投入日常监测管理或者灾后抢险救援，应急管理工作要统筹考虑均衡性，不能存在短板。其次，与气象、水利部门进行早期研判分析时，应建立统一的预警预报"端口"，保持预警机构的权威性。最后，某一环节出现问题时，组织决策应有替代方案，避免因等候上级或其他部门而产生时间或资源浪费。

2. 优化干部考核机制

从辩证法的角度来说，自然灾害不可能完全消除，只能降低风险。从上下级的层级来看，市一级的管理工作重在管"人"。首先，由于地质灾害风险管理工作不容易出成绩，一般领导干部都不愿意接手此类工作，工作积极性较低，因此完善调整现有领导干部考核制度显得很有必要，对于多年尽职尽责的领导干部应给予物质奖励以及更多的晋升机会；其次，管理考核的时候应以实际现场为主，减少对纸面数据的考核和形式主义督查等，对人的考核不应该制定过于严格的标准，要有弹性，及时动态调整。

3. 建立健全自然灾害应急指挥机构

地质灾害应急管理工作是一个系统性的工程，需要各级政府调动多个部门和有关单位、群众甚至社会的力量来完成。因此，指挥机构显得尤为重要，建立整合现有市、县级自然灾害类多个指挥机构，成立常设指挥机构及办事机构——自然灾害防御指挥部及自然灾害防御指挥部办公室，对于基层乡镇，可以对应设置常设办事机构——自然灾害防灾减灾所，对于当地常见的自然灾害实行统一管理。

4. 建立健全项目全过程管控与信息共享机制

地质灾害的威胁对象是人和财产，不管是自然原因还是人类活动造成的地质灾害风险，隐患与灾难的形成都离不开因人类活动产生或者靠近风险区域这两个因素（如削坡建房造地；选址不当，将构筑物或者临时工棚建设于沟口等山洪易发区）。因此，有效防范地质灾害风险隐患，不仅需要掌握区域地质条件和自然致灾因素，更需要科学规划国土空间布局，精准做好工程建设项目安全风险评估。着眼于"十四五"规划及2035年远景目标，开展资源环境承载能力和国土空间开发适宜性评价，科学布局国土空间开发保护，避免项目选址进入高风险区域，推动风险管理重心前移，强化风险源头控制，加强建设项目危险性评估管理。结合各区域地形地质实际，编制地质灾害危险性评估技术指南，推进工程建设配套防治项目具体化，强化危险性评估报告的适用性和强制性。强化重点行业危险性评估管理，由各部门结合行业特点，特别是矿产开采、道路修建、城乡建房等涉及多部门审批监管的领域，完善建设项目危险性评估对策措施，建立信息共享机制，形成齐抓共管、共同把关的全过程管控机制，切实防范人为活动诱发地质灾害。

（四）优化地质灾害风险管理资金投入

对于大部分城市来讲，财政资金紧张是必然的。维稳、农业、工业建设、基础教育与医疗等一系列民生领域都急需大量资金。在地质灾害风险防御这一块，加强对现有资金的分配管理才是重中之重。

1. 开展培训教育常态化活动

合理利用宣传教育、应急演练经费，在市、县城区配套建设一定数量的自然灾害体验文化馆，使得人民群众易于接受防灾减灾文化教育。同时加大对"现场"教育的资金投入，设立自然灾害宣传教育日和演练周。

2. 引入保险机制

尝试将保险机制引入地质灾害风险管理体系的灾前预防环节，以补贴的形式向地质灾害危险区的当地住户村民提供巨灾保险优惠，同时和农业生产、住房安全保障挂钩，"一险多赔"，既可以让当地住户村民少出资，也同时减轻地质灾害对地方财政的直接冲击。

3. 设立市级地质灾害防治项目资金

首先，对于部分规模较小、危险性中等、威胁人口相对较多的地质灾害隐患点，采取地表排水、坡改梯、削方减载、简易支挡等方式进行简易治理，以消除或减轻灾害隐患。其次，坚持共享发展理念、积极探索"政府主导、政策扶持、企业参与、开发式建设、市场化运作"的地质灾害基础性建设和恢复治理新模式。

4. 建立地质灾害临时转移安置体系

县、乡政府设置地质灾害转移安置专项经费，出台具体的因灾转移安置实施办法，各乡镇都根据实际情况，建立地质灾害临时转移安置点，统一发放转移避险生活补助，使避灾转移工作有序有效地开展。

第八章 地质灾害治理实例分析——以新疆生产建设兵团第四师砂石料场采坑为例

在当前我国社会经济迅猛发展的背景之下,多种建筑工程不断兴起。在相关工程的施工建设之前,需要从根本上做好地质灾害防控工作,要着重针对工程所在地的地质条件进行深入分析勘查,充分明确地质灾害的诱发原因和可能性,然后在地质灾害治理过程中切实体现出应有的治理成效,从而为相关工程顺利进行提供必要支持。本章将以新疆生产建设兵团第四师 70 团砂石料场采坑为例进行阐述,分为自然地理与地质环境概况、地质环境问题及其危害和地质灾害治理施工组织设计三部分。

第一节 自然地理与地质环境概况

一、自然地理概况

(一)地形地貌

治理区位于伊犁河谷北岸巩乃斯—伊犁河盆地冲洪积倾斜平原区,总体地势南高北低,高程 600～610 m,原地形平坦开阔。人类长期的采砂活动导致地形地貌发生了巨大变化,该采坑长约 200 m,宽约 100 m,深约 12 m。该采坑底现状为煤炭储存库,煤层堆积高度约 8 m,煤层占地面积约 4 500 m²。该采坑北侧为公路,坑壁距公路边缘约 5 m;该采坑西侧为公路,坑壁距公路约 10 m;该采坑南侧为林带,坑壁距林带约 2 m;该采坑东侧为围墙,坑壁距围墙约 2 m。

治理区内经多年人为采削砂石料形成采坑,最大深度 17 m,对原始地形地貌造成了严重破坏。治理区内原始地层多被扰动,地形起伏、高低不平,如图 8-1、图 8-2 所示。

图 8-1 治理区地形地貌 1

图 8-2 治理区地形地貌 2

（二）气象

70 团地势北高南低，由东北向西南倾斜，大致分山地、山前丘陵带、平原三个地貌单元，有喀什河、博尔博松河、布力开河、吉尔格朗河等河流。该地区属温带大陆性半干旱气候，冬春温暖湿润，夏秋干燥较热，昼夜温差明显，年均气温 8.4℃，年均降水 257 mm。

二、地质环境概况

（一）地层岩性

治理区出露地层为新生界第四系上更新统洪积层，沉积物表层为粉土，厚度约 0.5 m，稍湿，稍密。下伏卵砾石，青灰色，一般粒径 10～30 mm，最大粒径 160 mm，分选磨圆一般，成分以火山碎屑岩为主，母岩坚硬，厚度大于 17 m。

（二）地质构造

治理区在大地构造上属伊犁—巩乃斯沉降构造带中的伊犁地块，场地附近无活动断裂存在。

伊犁地块位于天山褶皱系西部，包括伊犁盆地及周边山地在内的三角地带，大致呈东西向伸展。构造形成始于震旦纪之前的吕梁期造山运动，经加里东期有所强化，到华力西期表现更趋强烈，基本形成了区内构造的骨架，即山间坳陷开始形成。又经后期的燕山运动和喜马拉雅运动的修饰，便形成了目前的构造形态。伊犁地块由前震旦纪和晚加里东褶皱组成基底，定型归属于华力西构造期。

治理区构造单一，以缓慢稳定的大区域上升为主，总体向河谷倾斜，第四纪松散沉积层厚度较大，地层岩相变化不大，未见构造形迹。

(三)地震及地壳稳定性

治理区位于北天山地震带,地震烈度均在Ⅶ度以上,其东北部地震烈度为Ⅷ度区,地震动峰值加速度为 0.15～0.20 g。自 1921 年以来曾发生过 6 次震级 4 级以上的地震,治理区大地轻微晃动,略有震感。

根据《中国地震动参数区划图》,治理区所在地区地震动峰值加速度为 0.20 g,对应的地震基本烈度值为Ⅷ。可将治理区地壳稳定性划分为基本稳定区(Ⅱ),工程建设条件为适宜,但需加强抗震设计。

(四)水文地质条件

根据地下水赋存条件、含水层岩性和水动力特征,可将区内划分为松散岩类孔隙潜水和承压水。

1. 潜水

潜水分布于上部,由砂坑剖面可见,地下水埋深大于 17 m,含水介质均为卵石、砂砾石层,结构松散,孔隙度较高,具有良好的储水空间,单井涌水量 1 000～3 000 m^3/d,矿化度 0.2～2.5 g/L,以 HCO_3-Ca·Mg 型水为主。

2. 承压水

承压水分布于潜水含水层之下,顶板埋深约 100 m,含水层岩性多为砂砾石、粗砂、含砾粗砂和中细砂,单井涌水量 1 000～3 000 m^3/d,矿化度多小于 1.0 g/L,为 SO_4·HCO_3-Ca·Mg 型水。

地下水主要接受大气降水、河渠水渗漏及区外相邻含水层的侧向补给,总体由北向南径流,以侧向径流流出、人工开采及蒸发的方式排泄。

第二节 地质环境问题及其危害

经现场调查,治理区的主要地质环境问题包括:治理区内存在一处废弃采砂坑,严重破坏了地形地貌;采砂坑对其周边的道路、林带、过往行人及牲畜等构成较大危害;土地废置无法利用,造成土地资源的严重浪费。

一、主要地质环境现状

该采坑长约 200 m,宽约 100 m,深约 12 m。该采坑底现状为煤炭储存库,煤层堆积高度约 8 m,煤层占地面积约 4 500 m^2。该采坑北侧为公路,坑壁距公路边缘约 5 m；该采坑西侧为公路，坑壁距公路约 10 m；该采坑南侧为林带，坑壁距林带约 2 m；该采坑东侧为围墙，坑壁距围墙约 2 m。该采坑总面积为 25 210 m²，如图 8-3、图 8-4 所示。

图 8-3　采坑区地形地貌 1　　　　图 8-4　采坑区地形地貌 2

采砂坑边坡陡立，现存在崩塌或崩塌隐患，坡顶边缘分布大量堆积物。采砂坑特征值统计如表 8-1 所示。

表 8-1　治理区废弃采砂坑特征统计一览表

编号	地理位置（中心）		形状	面积 /m²	回填深度 /m	坑壁成分
	X	Y				
70-1	536661	4855230	不规则状	25 210	17	砂砾

采坑底部堆有大量煤炭，如图 8-5、图 8-6 所示。

图 8-5　煤炭堆 1　　　　图 8-6　煤炭堆 2

二、地质环境问题造成的危害

（一）严重破坏原有地质环境

砂场长期露天开采，形成巨大采坑，致使地形起伏巨大，与周边极不协调，地质环境遭到严重破坏，影响了土地开发利用规划建设，如图8-7、图8-8所示。

图8-7　采砂坑地形地貌1　　　　图8-8　采砂坑地形地貌2

（二）造成土地资源的浪费

治理区内分布的采坑、弃土，不仅严重破坏了地质环境，还使区内的土地失去了原有的使用功能，无法作为农业用地或建设用地使用，造成了土地资源的浪费，影响了土地资源的规划利用，阻碍了地方经济的发展，如图8-9、图8-10所示。

图8-9　土地资源浪费1　　　　图8-10　土地资源浪费2

另外，采矿活动造成区内地表松散，植被覆盖率降低，大风乍起，极易形成粉尘，对团场、连队大气环境造成污染。

（三）威胁周边居民生命及财产安全

由于长期开采，采坑部分地段坑壁陡立，采坑平均深度为 10.5～22 m。闭坑后未进行回填，形成崩塌及不稳定边坡地质灾害。砂坑长期裸露，无警示标志，极易对误入的人、畜和车辆构成安全隐患，如图 8-11 所示。

图 8-11　威胁车辆、人员安全

（四）威胁简易道路

治理区采坑周边紧邻公路，坑壁为松散的粉土和砂卵砾石，边坡高陡，在降雨等自然条件下容易产生崩塌，对公路构成了严重威胁，如图 8-12 所示。

图 8-12　威胁简易道路

第三节　地质灾害治理施工组织设计

一、地质灾害治理方案设计

（一）设计原则

①响应委托单位委托的任务要求，以踏勘确定工程量为准进行治理方案设计，设计内容征求第四师可克达拉市自然资源和规划局及70团自然资源分局意见，密切与治理区土地利用现状及总体规划相结合，符合治理区的客观实际。

②本着统一规划、因地施治、合理施工的技术路线设计治理方案，做到方案设计技术可行、经济合理、安全高效，力争达到最佳的地质环境治理效果。

③根据治理区地质环境现状和周边地形地物特征，合理确定治理技术指标（高程、坡度），使治理区与周边构筑物及土地利用现状合理衔接，区域上地形地貌协调一致。

④治理后使得治理区区域内能够达到草地的使用要求。

（二）设计思路与技术路线

1. 总体思路

根据治理区采坑周边地形地物特征，结合土地利用现状及总体规划，合理划分治理区，确定治理技术指标（高程、坡度），采用削填方的治理形式，完成采坑治理施工，整体施工方案为"一放坡、二平整、三绿化"。治理后可以消除露天采砂坑对周边居民生命财产的威胁，满足团场生态工程土地规划利用要求。

首先，确定削填方范围，填方范围主要在采坑受坑壁条件限制无法进行削坡的地段，其他地段均为削方范围（采坑周边），以填方量确定削方范围。

其次，根据技术、经济、安全考虑，削方区采用退台方式进行削方拉运，在采坑不具备放坡条件的边界自下而上地进行分层筑坡，筑坡角度为35°。

最后，沿采坑周边设置刺丝围栏、竖立警示牌，使采坑治理效果做到整体美观、整洁，最大限度地消除地质灾害的隐患。

2. 具体思路

（1）治理区划分及边界确定

经现场踏勘确定，治理区的面积为 25210 m²（约 38 亩）。治理区边界划分如图 8-13 所示。

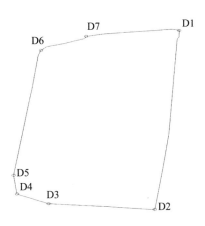

图 8-13　治理区范围分布图

目前治理区内及周边有道路、林带等，因此治理时按其地形标高设计治理后的标高及坡度。采砂坑内有原砂石料运输坡道，回填料可用自卸汽车直接运输到坑底，原采砂坑底部较平坦，作业场地较宽阔，施工条件良好。经治理后最大限度地消除露天采坑对团场土地利用规划的影响。

（2）治理指标

治理指标包括设计标高、坡度、坡向、回填分层厚度、压实度、平整度等。

采砂坑治理区设计标高和坡度参照周边原始地形标高和坡度，采坑最深 17 m，主要以挖方为主，填方为辅，治理后地形与耕地、简易道路、周边原始地面基本持平，坡度、坡向相同。同样以采用退台方式进行自上而下二级放坡削方，一级坡开挖深度 5 m，设置过渡平台，控制开挖深度，边坡按照坡度 35° 控制，过渡平台（马道）宽度 2 m。二级坡开挖深度 10 m，设置过渡平台，控制开挖深度，边坡按照坡度 35° 控制，过渡平台（马道）宽度 2 m；二级放坡一坡到底，边坡按照坡度 35° 控制。

治理后地形在一级过渡平台与耕地、渠系、林带周边原始以 35° 缓坡相接。

（3）治理高程及坡度控制

在确定治理分区及治理边界的基础上，充分考虑土地用途及边界地物特征，选择合理高程进行区内削、填方量计算，拟定治理区采用区内削方填方形式回填采坑，治理高程以最大限度地消除地质灾害危害，平衡治理区内削、填方量，选择合理标高作为治理标高，按设计坡度进行回填治理采砂坑，以一定角度与周边地形相接。在削填方量计算的基础上拟设计多条横、纵断面线及施工控制点控制削填方施工高程及坡度，确保治理的整体效果。

（4）回填、压实厚度控制

治理区采砂坑以削方回填为主，回填分层压实厚度不大于 0.8 m，采用布置在采砂坑坑壁的标志线进行控制，压实系数大于 0.85。

（5）治理后土地功能确定

根据压实实验成果，参照类似治理区已恢复土地功能特征参数，确定治理回填压实技术指标。回填土石料的压实系数大于 0.85，治理后场地土地类型为耕地，满足当地土地规划利用地形及地质条件。

（6）治理预期效果评价

治理方案设计充分考虑了治理区边界地物特征及团场总体土地规划，合理划分治理区，采用区内削方填方的施工方法，确保了以合理投入最大限度地消除地质灾害危害，基本满足团场土地利用规划。

二、地质灾害治理施工部署

（一）施工部署原则

施工总平面布置设计，在因地施治、因时施治和避免打扰周围居民正常生活秩序、快速安全、经济可靠、易于管理的原则下进行，并注意以下几点。

①合理利用地形，合理使用场地，布置尽量紧凑，减少占地面积和准备工程量。

②各种施工设施的布置，应能满足主体工程施工工艺要求，避免干扰，避免和减少材料的往返运输，并为各治理分区的同步施工作业创造条件。

③项目部应尽可能设置在现场附近，以便统筹、控制整个施工现场。

④场地规划和布置应符合国家有关安全、防火、卫生、环境保护等规定。

⑤选定的运输道路应满足运输要求，运营方便、可靠、经济。

（二）施工平面布置

1. 项目部设施布置

项目部拟设立在治理区北侧 70 团团部较合适，此处交通方便，临时住处的空地面积较大，可作为生活和临时办公区，场地条件可以满足施工人员生活及办公、施工机械停放的需要。项目部入口处搭设彩门，显著位置竖立五牌一图标志。

2. 用水、用电、通讯、交通布置

（1）施工、生活用水

拟建项目部位于一连连部，有供水管网，经初步商议，同意满足施工人员的施工、生活用水。

（2）施工、生活用电

可直接采用砂场内动力电源和照明电源。

（3）施工通信

移动及联通的无线网络可覆盖整个治理区，施工通信及对外联络使用手机联络。

（4）施工交通运输

区内有简易道路通往各采坑，主干道路与公路相接，交通极为便利。

（5）施工材料

①油料。治理区位于第四师70团辖区内，交通方便，主要材料为机械设备所必需的柴油。柴油可在70团团场加油站购买，运距为1.5 km。

②其他材料。施工办公生活用品等零星材料可在70团团场购买。

（6）文明及安全施工布置

在项目部入口搭设彩门，两侧悬挂五牌一图及管理单位、监理单位、施工单位的名称牌。

在治理区的入口处、不影响施工且醒目的部位设置旗帜及安全施工警示标志，警示内容主要有"施工重地，注意危险""正在施工，注意安全"等语言，以展示管理单位、施工单位良好的精神面貌，并取得良好的社会效应。在生产、生活区配置足够的消防专用灭火器，以确保施工安全。

（三）施工准备

1. 技术准备

①施工单位会同管理单位、监理单位做好进场工作，进场后做好地形复测和工程量的复核工作。

②熟悉和会审设计图纸。组织工程技术人员认真学习施工图，了解施工图的设计意图，为后续的现场施工做好技术准备工作。

③编制现场施工方案。阐明施工工艺和主要分项工程的施工方法、劳动力组织和进度控制安排,编制质量、进度、安全保证措施。

④技术交底。在工程开工前,技术负责人应组织参加施工的人员进行技术交底。技术交底采用"三级制",即技术负责人——项目管理层——施工作业层。其中向施工作业层交底必须详尽、齐全。结合具体操作部位、关键部位及施工难点将质量要求、操作要点向班组长进行详细交底。班组长接受交底后要组织班组工人进行学习,认真贯彻执行。

2. 机械设备准备

针对工程施工进度要求,各施工设备、机具应充分准备,预备潜能,并有充足的备用零配件和维修人员,保证机械的正常运转。

3. 材料准备

准备工作包括选材、订货、进货、保管等。对各种原材料根据需求计划加以落实,加强各种材料的防盗、防火、防潮等安全措施。水泥堆放时按规则摆放,堆放高度不宜超过 2 m,为防潮底部铺垫一层木料及塑料布,堆放完毕后整体需包裹 1~2 层塑料布。砂子堆放场地远离土方削方区域及自卸车运行路线,防止尘土进入砂子,增加含土量。

(四)现场准备

针对地质环境治理施工的要求,应事先做好以下内容。

①做好兵团自然资源和规划局等有关部门的项目备案工作。

②对治理区内简易便道进行拓宽、碾压、平整,满足施工车辆运输行驶要求。

③在治理区周边设置警示牌,安插彩旗确保文明施工和安全施工。

④设置生活煤炭堆放点,合理处置,搭建厕所,搞好环境卫生。

三、地质灾害治理施工方法与技术指标要求

(一)施工方法

根据施工设计治理方案,总体采取顺序施工法对治理区进行挖填土方工程施工,按照设计治理范围、标高、坡度等对治理区进行治理。

主要治理工程为施工现场整治、煤炭堆拉运回填、削方回填分层筑坡、场地平整、围栏工程,方案设计按施工顺序依次进行。最后对治理区按照设计坡度和设计高程进行统一平整,对放坡段进行放坡整平,注重对治理区与周边衔接部位的修整,使治理区与周边地形地貌相协调,确保治理区内的地貌景观整齐。

采用全站仪等进行测量定位放线，本治理工程运距 50 m 以内土方回填，采用 118 kW 推土机推运、分层回填筑坡；50～100 m 运距采用 3～4 m³ 拖式铲运机（或 3 m³ 装载机）铲运、分层回填筑坡，200～400 m 运距采用 1.2 m³ 挖掘载机配合 12 t 自卸车拉运回填筑坡。

（二）施工技术要求

1. 施工顺序技术要求

治理区施工顺序依次为施工现场整治、煤炭堆拉运回填、削方回填分层筑坡、场地平整、围栏工程。

2. 施工测量技术要求

施工测量工作贯穿整个治理工程。从开工前的工程复测一直到竣工图测绘，均按照《工程测量标准》（GB50026—2020）的技术要求进行。

在治理前对治理区外围已有控制点进行复核。平面采用二级导线，高程采用等外水准，要求便于复测、施工放线测量、施工过程标高控制、检查验收测量及竣工测量。

3. 推运回填技术要求

主要是采坑内分布的煤炭堆区推运回填。首先进行控制标高测量，对采砂坑内的设计标高和坡度进行控制放线。控制放线的具体操作要符合相关规范要求，不得出现偏差和失误，以免影响施工正常进行。

推土机削方作业以推运、摊平土方为主，切土时尽量采用最大切土深度在最短距离（6～10 m）内完成，以便缩短低速行进的时间，然后直接推运到预定地点。推土机上下坡坡度不得超过 35°，横坡不得超过 10°。多台推土机同时作业时，前后距离大于 8 m。

4. 分层筑坡技术要求

（1）堆筑路线规划

①在分层筑坡之前，应按照设计在筑坡处定点放线，将筑坡区的范围线或外圈等高线在地面绘出，并在筑坡中心边界线附近按设计方格网图钉下坐标桩，用来控制筑坡高度和筑坡范围。在土山的筑坡过程中要分层堆筑。先在地面的筑坡边线范围内填上第一层土，筑实后的土层厚度相当于标高杆的一个刻度高。然后把土面略为整平，再依据标高杆和坐标桩在土面放线，将第二层的等高线在地面

上绘出。接着堆填第二层土并压实到标高杆的第二刻度高。以后各层等高线的放线和堆土筑坡，全按这样的顺序堆成，一直堆至坡顶为止。

②填筑应形成一定的纵坡，避免降雨时在弃土场内部形成水洼地，分层填筑时分层厚度不大于 80 cm，碾压密实度大于 0.85，填筑方法为填筑一层、碾压一层，必须控制筑坡厚度、碾压密实度和控制筑坡坡度，防止出现沉陷、坍塌、滑坡等病害。

③每级边坡设置符合设计尺寸的平台。

（2）堆土施工

①分层筑坡控制：分层筑坡坡面平整、铺料层厚均匀，不得超厚。推土机平料过程中，采用仪器或钢钎及时检查铺层厚度，发现超厚部位立即进行处理。铺料方法选择进占法铺料，即汽车在已平好的松土层上行驶、卸料，用推土机向前进占平料。

②土料含水率控制：根据分层筑坡土质要求，筑坡土质主要为砂石料土，含水量以其最佳含水率 ±2% 控制。

（3）汽车作业施工

①汽车排土作业时，须由专人指挥。非作业人员不得进入排土作业区，作业区内的工作人员、车辆、工程机械，应服从指挥人员的指挥。

②排土卸载平台边缘，有固定的挡车设施，其高度不小于轮胎直径的 2/5，车挡顶宽和底宽分别不小于轮胎直径的 1/3 和 1.3 倍。设置移动车挡设施的，对不同类型移动车挡制定相应的安全作业要求，并按要求作业。

③按规定顺序排弃土方。在同一地段进行卸车和推土作业时，设备之间保持足够的安全距离。卸土时，汽车垂直于排土工作线。汽车倒车速度小于 5 km/h，不应高速倒车，以免冲撞安全车挡。在排土场边缘，推土机不应沿平行坡线方向推土。排土安全车挡或反坡不符合规定、坡顶线内侧 30 m 范围内有大面积裂缝（缝宽 0.1～0.25 m）或不正常下沉（0.1～0.2 m）时，汽车不应进入该危险作业区，应查明原因及时处理，方可恢复分层筑坡作业。

④分层筑坡作业区内烟雾、粉尘、照明等因素导致驾驶员视距小于 30 m，或遇暴雨、大雪、大风等恶劣天气时，停止推土作业。

⑤汽车进入分层筑坡作业区应限速行驶，距排土工作面 50～200 m 时速度低于 16 km/h，50 m 范围内低于 8 km/h。排土作业区设置一定数量的限速牌等安全标志牌。

⑥分层筑坡作业区照明系统完好，照明角度符合要求，夜间无照明不应排土筑坡。灯塔与排土车挡距 d 按以下公式计算：$d \geqslant$ 车辆视觉盲区距离 +10 m。

⑦分层筑坡作业区配备质量合格、适合相应载重汽车突发事故救援使用的钢丝绳（多于4根）、大卸扣（多于4个）等应急工具。

⑧分层筑坡作业区，应配备指挥工作间和通信工具。

⑨分层筑坡作业区进行分层筑坡作业时，应圈定危险范围，并设立警戒标志，无关人员不应进入危险范围内。

⑩任何人均不应在分层筑坡作业区内从事捡拾活动。

⑪分层筑坡作业区运转过程中，分层筑坡作业区内关键点应设有警示标志、安全保障措施等。

（4）土体的压实

①土体的压实应采用机械进行，用推土机来回行驶进行碾压，履带应重叠1/2，填土可利用汽车行驶做部分压实工作，行车路线须均匀分布于填土层上，汽车不能在虚土上行驶，卸土推平和压实工作须采用分段交叉进行。

②为保证填土压实的均匀性及密实度，避免碾轮下陷，提高碾压效率，在碾压机械碾压之前，宜先用轻型推土机、拖拉机推平，低速预压6~8遍，使表面平整。

③压实机械压实填方时，应控制行驶速度，一般平碾、振动碾不超过2 km/h，并要控制压实遍数。当堆筑接近地基承载力时，严密监测筑坡坡体沉降及位移变化。

④已填好的土如遭水浸，应把稀泥铲除后，方可进行下一道工序。筑坡作业区应保持一定横坡，或中间高两边稍低，以利于排水。当天填土，当天压实。

⑤筑坡密实度的检验。分层筑坡在堆筑过程中，每层堆筑的土体均应达到设计的密实度标准，若设计未定标准则应达到0.88以上，并且进行密实度检验，一般采用灌砂法，才能填筑上层。

⑥分层筑坡的等高线。分层筑坡的等高线按平面设计及竖向设计施工图进行施工，在筑坡的变化处，做到坡度的流畅，每堆筑1 m高度对坡体坡面边线按图示等高线进行一次修整。采用人工进行作业，以符合山形要求。整个筑坡堆筑完成后，再根据施工图平面等高线尺寸形状和竖向设计的要求自上而下对整个筑坡坡体的坡形变化点精细地修整一次。要求做到坡体地形不积水，坡体曲线顺畅柔和。

⑦分层筑坡的边坡。分成筑坡的边坡应按设计的规定要求进行碾压。为满足施工质量及施工安全需求，施工过程中应当增加碾压次数和碾压层。条件允许的情况下，要分台阶碾压，以达到最佳密实度，防止出现施工中的自然滑坡。

（5）堆土施工

①在分层筑坡期间，应始终保持堆土场处于良好的排水状态。

②雨季弃土施工时，应随挖、随运、随填、随时压实，依次进行，每层堆筑的表面应设置适当的横坡，使之不积水。

③分层筑坡堆筑施工过程中，应注意加强对整个筑坡作业区的稳定性监测，保证筑坡作业区的整体稳定性，如发生滑坡、坍塌等失稳现象，应立即停止堆筑并及时上报。待采取相应的安全措施或筑坡作业区整体稳定后方可继续作业。

5. 平整施工技术要求

回填至设计标高时，用平地机对治理区进行整平。平整时应使用测量仪器按照设计高程同步控制，测量高差控制应满足测量操作规定，治理后标高与设计标高相差不得大于 0.2 m。

6. 治理区边界衔接施工技术要求

在治理区周边，分布有林带、渠系等，回填时应进行施工测量控制，回填至设计标高后保持与周边地形自然衔接。

7. 施工资料搜集整理及要求

①收集委托单位及监理单位的资料：收集生产过程中委托单位对有关进度、质量、安全、环保、投资、合同等方面的意见和看法，收集监理单位发出的批示等。

②现场资料收集：施工日志、现场监理所作指示、安全工作日志及安全会议记录、施工控制资料、检测记录、影像资料等。影像资料的收集应在施工前、施工过程中及施工完毕后分别拍摄工程施工照片、录像，要在同位置、同角度进行拍摄，以便对治理前后效果进行对比。

③会议信息收集：对工地会议记录等进行收集。

④资料处理：对收集的各方面资料进行归纳总结，部分资料做成报表形式，为以后制定施工计划、方案及施工强度提供第一手资料；对竣工时需直接提供的资料如各种单元质量评定表和有监理签证隐蔽工程表等原始资料建立专门的资料档案。

⑤竣工资料整理：利用计算机检索功能对工程文件进行分部、分项归类，对各种信息进行分析和统计；根据以上文件和数据库相关资料编写施工管理工作报告、工程实施概况和大事记；对质检资料进行分析统计及评定，形成各种质量评定表。

四、地质灾害治理施工进度计划

（一）施工进度控制原则

①严格按工期要求组织和控制施工进度，在经济合理、满足质量的前提下，尽量提前工期。

②合理控制项目施工进度，各施工工序流水作业，明确关键，协调各单项工程进度，减少干扰，使整个工程协调有序进行。

③优化施工方案，合理配置施工设备，从技术和施工设备上提供可靠的保证，保证资源的合理利用。

（二）施工进度计划

1. 施工准备计划

①根据施工组织设计书，做好进场人员及施工机械的准备，并提前递交开工报告。

②组建项目部，组织调动施工资源配置。

③做好施工人员的组织管理、学习和培训工作，明确该项工程的重要意义，使每个施工管理人员对该项工程的每一道工序都有清楚的认识。

④根据施工特点，明确提出安全、进度、质量要求，与各施工班组签订施工任务书，按单位及项目规章制度管理施工。

⑤做好人员、机械、设备的进场准备工作。

2. 人员、设备进场计划

在工程开工前有效地组织好人员、机械、设备进入施工现场，以确保工程按期开工，若各方面条件成熟可提前进场。

3. 各项工程施工进度计划

根据委托单位对工作周期的要求进行治理工作进度设计。

五、地质灾害治理生产力要素计划

（一）机械、设备配置计划

根据施工区工程量及施工工艺，制定机械、设备配置计划。施工机械配置可根据施工进度以及施工作业面的开展情况，随时进行增加或调配。

1. 削方机械配置

由于该治理工程为1个治理区，由1个采砂坑构成，场地施工面大，根据以往工作经验对治理区配置2台挖掘机、4台3 m³装载机、4台75 kW推土机、6辆15 t自卸车进行削方推（拉）运、分层筑坡和场地平整，另配置洒水车（5 m³）1辆，对施工场地及施工道路进行洒水工作；并配置施工指挥车1辆，用于现场工作管理及指导，如表8-2所示。

表8-2 施工区主要机械配置计划一览表

设备名称	单位	数量	类型
挖掘机	台	2	
装载机	台	4	3 m³
推土机	台	4	75 kW
自卸车	辆	6	15 t
洒水车	辆	1	5 m³
施工指挥车	辆	1	皮卡车

2. 仪器设备配置

根据工程需要，测量设备需配置计算机、打印机、数码摄像机、数码照相机、水准仪、全站仪和灌砂法试验仪器，如表8-3所示。

表8-3 项目主要设备配置计划一览表

名称	类型	单位	数量	备注
计算机	便携式	台	1	
计算机	台式	台	1	
打印机	惠普	台	1	
数码摄像机	索尼数码	部	1	
数码照相机	索尼数码	部	1	
水准仪	DS3型	台	1	检测合格
全站仪	GPT-3005LN	台	1	检测合格
灌砂法试验仪器		套	1	

3.机械的使用与保养

①人机固定,实行使用、保养责任制,建立考核制度,强化使用管理责任。
②实行操作证制度,特殊工种操作必须持证上岗,禁止无证操作。
③对机械进行例行保养,操作人员在开机前和使用后,按规定的项目和要求进行检查保养,使机械设备保持良好的状态,并坚持"先维修,后使用"原则,严禁设备带病运转。

(二)劳动力配置计划

该治理施工特点主要为机械施工,劳动力配置主要为机械手,施工区施工人员配置计划如表8-4所示。

劳动力配置可根据实际施工进度中机械配置变化情况,随时进行相应调整。

表8-4 施工区施工人员配置计划一览表

名 称	数量/人	要 求
施工队长	1	有管理经验
指挥车司机	1	证照齐全
挖掘机手	2	证照齐全
装载机手	6	证照齐全
推土机手	4	证照齐全
自卸车司机	6	证照齐全
洒水车司机	1	证照齐全
修理工	1	有修理经验
炊事员	2	有健康证
合 计	24	

(三)材料计划

该治理工程施工所需主要材料如下。

①搭建施工彩门的钢管、卡子等,可通过70团团场设备租赁站租赁;施工警示牌制作材料,可在团场牌匾制作店定制成品警示牌。
②机械设备所使用的油料,可通过70团团场加油站运送至治理区。

六、地质灾害治理沟通与协调工作

沟通和协调工作是项目组织实施的一个重要环节,施工单位应配备经验丰富、懂生产、会协调的管理人员担任该项目经理、技术负责人员、施工人员等。主要做好以下几方面的协调工作。

(一)与上级自然资源管理部门的沟通

委托单位是该项目的管理单位,项目部应该严格按照任务书要求的工作周期安排施工,经常与委托单位保持联系,按期上报工程报表。

(二)与当地政府部门的沟通、协调

治理项目实施的目的就是恢复治理已破坏的地质环境,直接服务于地方政府,因此该项目的实施离不开当地政府的指导和协调,摸清他们的想法、听取他们的声音、寻求他们的帮助对该项目的实施至关重要。

当地自然资源局是项目和当地政府联系的纽带,治理工程实施过程中的各种意见、生活环境条件、与周围单位的协调等都离不开他们的帮助和支持。施工单位应严格按照委托单位相关要求组织施工。工程开工前首先到第四师可克达拉市自然资源和规划局备案。备案材料内容包括项目的施工设计和施工组织设计等。

(三)与监理部门的沟通、协调

项目监理部门代表主管单位对项目进行质量、进度、投资的控制(三控),同时要对现场安全工作加以检查、指导,是施工现场检查、监督的核心。项目部应该定时、定期向监理部门汇报工作,接受检查、监督。

任何一项工序的开工、检查、验收等各个环节,均需要监理部门检查、验证、批复,然后才能进入下一道工序的施工。

(四)与其他部门的沟通、协调

施工过程中,要定期召开专业协调会议,各专业就施工方法、质量标准、交叉配合、进度安排等进行全方位的沟通,使各级管理人员树立全面、全方位的管理理念,在做好该专业管理的同时,协调其他专业施工。

施工过程中遇到问题应及时与监理单位、当地国土资源部门进行协调,尽快将问题化解,按时保质保量地完成该施工任务。

参考文献

[1] 岳建平,方露.城市地面沉降监控理论与技术[M].北京:科学出版社,2016.

[2] 刘伦华,张流趁.地质灾害调查与评估[M].北京:地质出版社,2014.

[3] 马霄汉,徐光黎,彭书林.地质灾害治理工程施工技术手册[M].武汉:中国地质大学出版社,2014.

[4] 钟敦伦,谢洪.泥石流灾害及防治技术[M].成都:四川科学技术出版社,2014.

[5] 陈蓓蓓,宫辉力,李小娟,等.北京市典型地区地面沉降演化过程与机理分析[M].北京:中国环境出版社,2015.

[6] 吴璋,石智军,董书宁.滑坡灾害与防治技术研究[M].武汉:中国地质大学出版社,2015.

[7] 蒋忠信.震后山地地质灾害治理工程设计概要[M].成都:西南交通大学出版社,2015.

[8] 蒋忠信.震后山地地质灾害治理工程勘查设计实用技术[M].成都:西南交通大学出版社,2018.

[9] 谢谟文,李清波,刘翔宇.滑坡灾害预测模拟及监测预警系统[M].北京:科学出版社,2018.

[10] 何升,胡世春.地质灾害治理工程施工技术[M].成都:西南交通大学出版社,2018.

[11] 张永双,郭长宝,杨志华,等.青藏高原东缘地形急变带滑坡灾害特征与危险性研究[M].武汉:中国地质大学出版社,2018.

[12] 陈丽霞,徐勇,李德营,等.武陵山区城镇地质灾害风险评估技术指南及案例分析[M].武汉:中国地质大学出版社,2019.

[13] 肖瀚,唐寅,李海明.沿海地区常见水文地质灾害及其数值模拟研究[M].郑州:黄河水利出版社,2019.

[14] 傅正园,徐光黎,吴义,等.浙东南突发性地质灾害防治[M].武汉:中国地质大学出版社,2019.

[15] 徐智彬,刘鸿燕.地质灾害防治工程勘察[M].重庆:重庆大学出版社,2020.

[16] 高建伟.地质灾害风险区划与综合防治对策分析[J].工程技术研究,2021,6(22):255-256.

[17] 赵晋睿,李磊,苏宗跃.地理信息系统在地质灾害信息系统建设中的应用[J].工程技术研究,2021,6(21):251-252.

[18] 冯禄强.浅谈地质灾害勘查与环境治理[J].西部探矿工程,2021,33(11):23-24,31.

[19] 柯建武.遥感技术在地质灾害调查监测中的应用探讨[J].世界有色金属,2021(20):229-230.

[20] 郭子毅.地质灾害监测技术在绿色矿山建设中的应用探讨[J].建筑技术开发,2021,48(20):135-136.

[21] 张吉宁,薄勇,刘洋洲,等.基于物联网技术的地质灾害监测预警系统设计[J].粘接,2021,48(10):86-89,97.

[22] 安建文.地质灾害防治工程对地质环境的影响[J].内蒙古煤炭经济,2021(17):196-197.

[23] 郑润琴.地质灾害治理中的应用策略分析[J].华北自然资源,2021(5):93-94.

[24] 王丽俊.层次分析法在地质灾害危险性评估中的应用[J].世界有色金属,2021(17):200-202.